Qualitätsprüfung für das Pulverbett im selektiven Laserschmelzprozess

Vom Promotionsausschuss der
Technischen Universität Hamburg

zur Erlangung des akademischen Grades
Doktor-Ingenieur (Dr.-Ing.)

genehmigte Dissertation
(Monografie)

von

Dennis Jutkuhn

aus

Hamburg

2025

1. Gutachter: Univ.-Prof. a. D. Dr.-Ing. Claus Emmelmann

2. Gutachter: Univ.-Prof. Dr.-Ing. Prof. h. c. mult. Ingomar Kelbassa

Tag der mündlichen Prüfung: 21. Juli 2025

Light Engineering für die Praxis

Reihe herausgegeben von

Claus Emmelmann, Hamburg, Deutschland

Technologie- und Wissenstransfer für die photonische Industrie ist der Inhalt dieser Buchreihe. Der Herausgeber leitet das Institut für Laser- und Anlagensystemtechnik (iLAS) an der Technischen Universität Hamburg (TUHH). Die Inhalte eröffnen den Lesern in der Forschung und in Unternehmen die Möglichkeit, innovative Produkte und Prozesse zu erkennen und so ihre Wettbewerbsfähigkeit nachhaltig zu stärken. Die Kenntnisse dienen der Weiterbildung von Ingenieuren und Multiplikatoren für die Produktentwicklung sowie die Produktions- und Lasertechnik, sie beinhalten die Entwicklung lasergestützter Produktionstechnologien und der Qualitätssicherung von Laserprozessen und Anlagen sowie Anleitungen für Beratungs- und Ausbildungsdienstleistungen für die Industrie.

Dennis Jutkuhn

Qualitätsprüfung für das Pulverbett im selektiven Laserschmelzprozess

Springer Vieweg

Dennis Jutkuhn
Institut für Laser- und Anlagensystemtechnik
(iLAS)
Technische Universität Hamburg
Hamburg, Deutschland

ISSN 2522-8447 ISSN 2522-8455 (electronic)
Light Engineering für die Praxis
ISBN 978-3-662-72753-9 ISBN 978-3-662-72754-6 (eBook)
https://doi.org/10.1007/978-3-662-72754-6

Die Deutsche Nationalbibliothek verzeichnet diese Publikation in der Deutschen Nationalbibliografie; detaillierte bibliografische Daten sind im Internet über https://portal.dnb.de abrufbar.

Planung/Lektorat: Alexander Grün
Springer Vieweg ist ein Imprint der eingetragenen Gesellschaft Springer-Verlag GmbH, DE und ist ein Teil von Springer Nature.
Die Anschrift der Gesellschaft ist: Heidelberger Platz 3, 14197 Berlin, Germany

Vorwort

Die vorliegende Arbeit entstand während meiner Tätigkeit als wissenschaftlicher Mitarbeiter der Laser Zentrum Nord GmbH (LZN) und der späteren Fraunhofer-Einrichtung für Additive Produktionstechnologien IAPT in Hamburg-Bergedorf.

Zunächst möchte ich meinem Doktorvater Herrn Univ.-Prof. Dr.-Ing. Claus Emmelmann für die Unterstützung und das entgegengebrachte Vertrauen bei dieser Arbeit danken. Die von ihm geschaffene hoch innovative Forschungsumgebung und die gewährten Freiheiten ermöglichten mir den Zugang und den Beitrag zu diesem, für die pulverbettbasierten additiven Technologien, entscheidenden Themenfeld. Darüber hinaus danke ich Herrn Univ.-Prof. Dr.-Ing. Prof. h. c. mult. Ingomar Kelbassa für die Übernahme des Zweitgutachtens sowie Herrn Univ.-Prof. Dr.-Ing. habil. Hermann Lödding für die Übernahme des Vorsitzes des Prüfungsausschusses.

Ich danke allen Mitarbeitenden sowie Ehemaligen des LZN und heutigen Fraunhofer IAPT für den wertvollen Austausch, die Unterstützung bei der Durchführung in der Praxis und die allgemein kollegiale sowie freundschaftliche Zusammenarbeit in den letzten Jahren. Mein Dank gilt insbesondere allen Studierenden, die mich mit ihren Abschlussarbeiten sowie ihren Tätigkeiten als studentische Hilfskräfte bei meiner Arbeit unterstützt haben: Jacques Karouta, Torben Dorbandt, Kai Gödeke, Xuan Thanh Duong, Vivian Müssig, Daniel Brummerloh, Ayaovi Bamezon, Melvin Baaß, Sabrina Hellwege, Imran Ali Khan, Adrian Thern und Marten Grube.

Zudem möchte ich den Kollegen der Hexagon Technology Center GmbH in Heerbrugg für die großartige und konstruktive Zusammenarbeit danken, mit denen das Thema der optischen Prozessüberwachung im Rahmen des gemeinsamen EU Horizon 2020 Projekts „Bionic Aircraft" seinen initialen Ursprung gefunden hat: Zheng Yang, Silvan Meile, Thomas Jensen und Johan Stigwall.

Ein ganz besonderer Dank gilt meiner lieben Familie, insbesondere meinem Vater Gerhard und meiner Frau Sarah, die mich immer tatkräftig unterstützt und ermutigt haben, sodass ich schließlich und endlich finalisieren konnte.

Niedermarschacht, im Juli 2025 Dennis Jutkuhn

Interessenkonflikt Der/die Autor*in hat keine für den Inhalt dieses Manuskripts relevanten Interessenkonflikte.

Kurzfassung

Das additive Fertigungsverfahren des selektiven Laserschmelzens von Metallen (PBF-LB/M) eröffnet als ressourcenschonendes Fertigungsprinzip die Möglichkeit, individualisierte, hochkomplexe und biomimetisch optimierte Bauteile herzustellen. Damit besitzt die Technologie ein enormes Potenzial, einen essenziellen Beitrag zu den Zukunftsthemen Nachhaltigkeit und Kreislaufwirtschaft zu leisten. Im Fokus stehen dabei Bauteile in den für Deutschland strategisch wichtigen Branchen der Mobilität, Energietechnik, Medizintechnik und Verteidigung. Um den selektiven Laserschmelzprozess in der industriellen Anwendung weitreichend zu etablieren, bedarf es Lösungen zur Senkung der im Vergleich noch zu hohen Herstellungskosten des Verfahrens. Daher werden fortlaufend innovative Ansätze zur Steigerung der Produktivität sowie der frühzeitigen Erfassung und Sicherstellung der Fertigungsqualität entwickelt, die eine Kostenreduktion entlang der Prozesskette versprechen.

Die vorliegende Forschungsarbeit soll darüber Aufschluss geben, wie die Qualität des Pulverbetts erfasst und ausgewertet werden kann und wie dies Rückschlüsse auf die Prozessfähigkeit im Pulverschichtauftrag und die resultierende Fertigungsqualität im Herstellungsprozess erlaubt. Innerhalb dieser Arbeit wurde dafür ein Streifenlichtprojektionssystem für die 3D-topographische Erfassung des Pulverbetts und ein Prüfstand für die hersteller- und anlagenunabhängige Abbildung der gängigen Schichtauftragsprozesse im selektiven Laserschmelzen entwickelt. Mithilfe eines mehrstufigen methodischen Ansatzes zur Verarbeitung und Analyse der hochauflösenden Bilddaten des Pulverbetts konnten die vielfältigen charakteristischen Eigenschaften der Pulverbettoberfläche anhand von verschiedenen Fehlerbildern im Schichtauftrag identifiziert, klassifiziert und bewertet werden.

Auf Grundlage dieser Pulverbettanalytik wurde ex-situ auf dem Prüfstand eine vollfaktorielle Untersuchung der prioritären Prozessparameter im Pulverschichtauftragsprozess (Auftragsprinzip, Auftragselement, Auftragsgeschwindigkeit, Pulverschichtdicke) durchgeführt, um die Auswirkungen der unterschiedlichen Stellgrößen wissenschaftlich zu untersuchen. Anhand der Ergebnisse der Analyse wurde ein Parameterfenster identifiziert, welches eine höhere Prozessfähigkeit und damit letztlich eine gesteigerte Produktivität im Prozess bewirken kann. Die identifizierten Parameterfenster wurden im Anschluss durch In-situ-Versuche vollfaktoriell untersucht und die Ergebnisse durch nachgelagerte Prüfungen der gefertigten Probekörper validiert. Der ganzheitliche Ansatz der entwickelten Messtechnik zur Pulverbettüberwachung und die automatisierte Auswertung der Messdaten wurden abschließend auf die Übertragbarkeit in den industriellen Maßstab im Rahmen einer Potenzialanalyse betrachtet und bewertet.

Es konnte nachgewiesen werden, dass die Prozessfähigkeit des Pulverschichtauftrags in unterschiedlichem Maße in Abhängigkeit der prioritären Stellgrößen im Auftragsprozess steht und gewissen Trends folgt, die in vorteilhafter Weise für die Ausgestaltung des Prozesses genutzt werden können. Hierfür wurden im Rahmen der Untersuchungen für die Aluminiumlegierung AlSi10Mg mehrere Prozessparameterkombinationen für eine erhöhte Produktivität und einen stabilen Prozess validiert. Zudem wurde als Ergebnis der Potenzialanalyse die Eignung der Streifenlichtprojektion als Messtechnik für die Pulverbetterfassung und prozessbegleitende Überwachung im industriellen Maßstab aller heutigen Anlagengrößenklassen von PBF-LB/M-Anlagentechnik nachgewiesen.

Abstract

As a resource-saving manufacturing principle, the additive manufacturing process of Laser Powder Bed Fusion of Metals (PBF-LB/M) opens up the possibility of producing individualized, highly complex and biomimetically optimized components. The technology therefore has enormous potential to make an essential contribution to the future topics of sustainability and the circular economy. The focus here is on components in the mobility, energy technology, medical technology and defense sectors, which are strategically important for Germany. In order to widely establish the Powder Bed Fusion of Metals in industrial applications, solutions are needed to reduce the comparatively high manufacturing costs of the process. For this reason, innovative approaches to increase productivity and to record and ensure production quality at an early stage are constantly being developed, which promise to reduce costs along the process chain.

The present research work is intended to provide information on how the quality of the powder bed can be recorded and evaluated and how this allows conclusions to be drawn about the process capability in powder coating application and the resulting production quality in the manufacturing process. Within this work, a fringe projection system for the 3D-topographic recording of the powder bed and a test rig for the manufacturer- and system-independent mapping of common powder coating application processes in PBFLB/M were developed. Using a multi-stage methodical approach for processing and analyzing the high-resolution image data of the powder bed, it was possible to identify, classify and evaluate the diverse characteristic properties of the powder bed surface as well as various defect patterns in the coating application. Based on this powder bed analysis, a full-factorial investigation of the priority process parameters in the powder coating application process (application principle, coating element, coating speed, powder layer thickness) was carried out ex-situ on the test rig in order to scientifically investigate the effects of the different control variables.

Based on the results of the analysis, a parameter window was identified which could lead to a higher process capability and thus ultimately to increased productivity in the process. The identified parameter window was then investigated in full-factorial in-situ experiments and the results validated by downstream testing of the manufactured test specimens. Finally, the holistic approach of the developed measurement technology for powder bed monitoring and the automated evaluation of the measurement data were considered and evaluated in the context of transferability to an industrial scale as part of a potential analysis.

It was demonstrated that the process capability of the powder coating application depends to varying degrees on the priority process variables in the application process and follows certain trends that can be used to advantage in the design of the process. To this end, several process parameter combinations for increased productivity were validated as part of the investigations for the aluminum alloy AlSi10Mg. In addition, as a result of a potential analysis, the suitability of fringe projection as a measuring technique for powder bed detection and in-process monitoring on an industrial scale for all current machine size classes of PBF-LB/M machine technology was evaluated.

Inhaltsverzeichnis

Abbildungsverzeichnis

Tabellenverzeichnis

Formelzeichenverzeichnis

Formelzeichen	Einheit	Benennung
A_{ratio}	dimensionslos	Defektflächenanteil
A_m	[µm]	Mittlere Amplitude
b_{mean}	[µm]	Mittlere Breite der Spitzen / Rillen
$D(10)$	[µm]	10 %-Perzentil des Partikeldurchmessers
$D(50)$	[µm]	50 %-Perzentil des Partikeldurchmessers
$D(90)$	[µm]	90 %-Perzentil des Partikeldurchmessers
D_s	[µm]	Schichtdicke
E_s	[J/mm²]	Energiedichte
F_m	[Hz]	Mittlere Frequenz
h_{mean}	[µm]	Höhenmittelwert der Defektfläche
h_{mean}	[µm]	Mittlere Höhen der Spitzen / Rillen
H_s	[µm]	Hatch-Abstand
k_1	[1/Hz]	Gewichtungsfaktor
k_2	[1/µm]	Gewichtungsfaktor
L	[mm]	Profillänge
n	dimensionslos	Anzahl
P_L	[W]	Laserleistung
R_a	[µm]	Arithmetischer Mittenrauwert
RS_m	[mm]	Mittlerer Rillenabstand
R_z	[µm]	gemittelte Rautiefe
R_{zi}	[µm]	Einzelrautiefe der i-ten Einzelmessstrecke
s_i	[µm]	Standardabweichung der Höhendaten in der i-ten Schicht
t	dimensionslos	Rankingfaktor
T	[°C]	Vorheiztemperatur
V_s	[mm/s]	Belichtungsgeschwindigkeit
x_{Fe}	[µm]	Feretdurchmesser
x_{Ma}	[µm]	Martindurchmesser
$x_{c,max}$	[µm]	Längste Sehne in Messrichtung
$z(x)$	[µm]	Höhenwert beim Punkt x
λ_c	[mm]	Grenzwellenlänge

Abkürzungsverzeichnis

3D .... dreidimensional
µCT .... Mikro-Computertomographie
AM .... Additive Manufacturing
BJ .... Binder Jetting
CAD .... computer aided design
CCD .... charge-coupled device
CMOS .... complementary metal-oxide-semiconductor
CIS .... Contact Image Sensor
DIA .... Diaprojektor
DIA-MONO .... Monochrom-Diaprojektor
DLP .... Digitallichtprojektor
DLP-MONO .... Monochrom-Digitallichtprojektor
DLP-RGB .... Farb-Digitallichtprojektor
DMLM .... Direct Metal Laser Melting
DMLS .... Direct Metal Laser Sintering
DOD .... Drop On Demand
FDM .... Fused Deposition Modeling
FOV .... Field of View
HTML5 .... 5. Version der Hypertext Markup Language
IR .... Infrarot
LED .... Light-emitting diode
LENS .... Laser Engineering Net Shaping
LMD .... Laser Metal Deposition
LMF .... Laser Metal Fusion
L-PBF .... Laser Powder Bed Fusion
LOF .... Lack-of-Fusion
LOM .... Laminated Object Manufacturing
LOP .... Lack-of-Powder
MBJ .... Metal Binder Jetting
MJ .... Material Jetting

ML .... Machine Learning
MP .... Megapixel
Nd:YAG .... Neodym-dotierter Yttrium-Aluminium-Granat
COVID-19 .... Coronavirus-Krankheit-2019 (pandemisch)
PBF-EB/M .... Electron Beam Powder Bed Fusion of Metals
PBF-LB/M .... Laser Powder Bed Fusion of Metals
PBF .... Pulverbettbasierte Verfahren
PNG .... Portable Network Graphics
POD .... Probability of Detection
PSD .... Partikelgrößenverteilung
REM .... Rasterelektronenmikroskop
RGB .... Rot-Grün-Blau Farbraum
ROI .... Region of Interest
SL3D .... Streifenlichtprojektionssystem „StructuredLight3D“
SLA .... Stereolithographie
SLM .... Selective Laser Melting
SLP .... Streifenlichtprojektion
STD .... Standardabweichung
STL .... Standard Tessellation Language
UAM .... Ultrasound Additive Manufacturing
UI .... User Interface

1 Einleitung und Motivation

Die additive Fertigung (Additive Manufacturing, AM) besitzt das Potenzial, eine wichtige Rolle in der vernetzten und hochflexiblen Produktion der Zukunft einzunehmen [70, 78]. Das additive Fertigungsverfahren des selektiven Laserschmelzens von Metallen (PBF-LB/M) eröffnet als ressourcenschonendes Fertigungsprinzip die Möglichkeit, individualisierte, hochkomplexe und biomimetisch optimierte Bauteile herzustellen. Damit besitzt die Technologie ein enormes Potenzial, einen essenziellen Beitrag zu den Zukunftsthemen Nachhaltigkeit und Kreislaufwirtschaft zu leisten [78, 81]. Im Fokus der Anwendungen stehen dabei Bauteile in den für Deutschland strategisch wichtigen Branchen der Mobilität (z. B. Radaufhängungen, Motorenkomponenten und Turbinenschaufeln), Energietechnik (z. B. Kühlkörper, Wärmetauscher, Verteiler), Medizintechnik (z. B. Prothetik, Implantate und Endoskopie) und Verteidigung (z. B. Komponenten für Lenkflugkörper).

Der weltweite AM-Markt ist branchenübergreifend in den letzten 30 Jahren kontinuierlich gewachsen [48]. Die additive Fertigung erreichte vor wie auch während der COVID-19-Pandemie jährlich zweistellige Umsatzwachstumsraten (2020 bis 2021 Marktzuwachs von 19,5 % [48], wobei 2021 ein Gesamtumsatz von 18,6 Mrd. $ erreicht wurde). Dies umfasst den Verkauf von Anlagen, Material und gedruckten Bauteilen aber auch Servicedienstleistungen. Allein die Luft- und Raumfahrtbranche umfasste dabei ein Volumen von 3,78 Mrd. $ in 2021 [109]. Von 2016 bis 2021 stieg der Umfang der Maschinenkäufe für Metall von 0,43 Mrd. € auf 0,99 Mrd. € an. Dabei weist der Luft- und Raumfahrtsektor wiederum den größten Anteil der Maschinenkäufe für Metall von insgesamt 0,21 Mrd. (22 % Marktanteil) in 2021 auf [3].

Dominiert wird der AM-Markt für Metall durch die pulverbettbasierten Verfahren. Von den im Jahr 2021 14428 installierten AM-Anlagen für Metall machte PBF-LB/M einen Anteil von 84,1 % aus [3]. Die Anlagenhersteller prognostizieren, dass bis zum Jahre 2026 weltweit mehr als 27300 pulverbettbasierte AM Anlagen für Metall im Betrieb sind. Dabei spielt Deutschland in der Entwicklung und dem Verkauf von PBF-LB/M-Anlagen eine führende Rolle. Im Jahr 2021 stammten von den 12131 weltweit installierten Anlagen knapp die Hälfte (48 %) aus Deutschland (5837 Anlagen).

Im Vergleich zu den Vorjahren ist die Wachstumsrate in den letzten beiden Jahren jedoch deutlich rückläufig [5, 111], sodass aktuell nur noch ein moderates Wachstum bis hin zu einer Seitwärtsbewegung am Markt zu beobachten ist. Bedingt wird dieser Wachstumsrückgang unter anderem durch die noch immer im Verhältnis zu konventionellen Herstellungsverfahren vielfach höheren Herstellungskosten von AM-Erzeugnissen. Der Rückgang des anfänglichen Hypes um die AM-Technologien wird auch durch die hinter den Markterwartungen zurückbleibenden Möglichkeiten hinsichtlich der Produktivität und der Fertigungsflexibilität (dezentrale On-demand-Fertigung) sowie der resultierenden und unbeständigen Fertigungsqualität begründet.

D. Jutkuhn, *Qualitätsprüfung für das Pulverbett im selektiven Laserschmelzprozess*, Light Engineering für die Praxis,
https://doi.org/10.1007/978-3-662-72754-6_1

Diese Umstände reduzieren die Einsatzmöglichkeiten auf eine verhältnismäßige geringe Anzahl an Anwendungsfällen, für die eine industrielle AM-Serienfertigung wirtschaftlich sinnvoll ist. Damit befinden sich die AM-Technologien nach dem Gartner Hype Cycle aktuell hinter dem Zenit der Erwartungen in der Phase der Desillusionierung [21]. Daher bedarf es innovativer und zugleich anwendungsorientierter Lösungen, um die Herstellkosten auf ein wettbewerbsfähiges Niveau zu senken und dabei die Qualität von Fertigungsprozess und Erzeugnis sicherzustellen.

1.1 Ausgangslage und Problemstellung

Die pulverbettbasierte laseradditive Fertigung von Metallen eröffnet prozessbedingt die Herstellung filigraner, hochkomplexer Bauteile mit integrierten Strukturen und Funktionen. Dabei unterstützt sie vor dem Hintergrund der aktuellen wirtschaftlichen und gesellschaftlichen Transformation die technologische Disruption in zentralen Branchen der industriellen Produktion hin zu einer resilienteren, ressourcenschonenderen und nachhaltigeren Wertschöpfung [86]. Diese kontakt- und werkzeuglose Fertigungstechnologie weist einen im Vergleich zu konventionellen Herstellungsverfahren hohen Automatisierungsgrad auf, da die Bauteile direkt aus den digitalen CAD-Daten hergestellt werden. Die damit einhergehende endkonturnahe Herstellung bedingt eine hohe Ressourceneffizienz mit einem Materialausschuss von weniger als 5 % [81]. Auch treten keine fertigungsbedingten Skaleneffekte zwischen der Einzelteil- und Serienfertigung auf, wodurch sich diese Fertigungstechnologie insbesondere über das Prototyping etabliert hat [51]. Mit steigender Nutzung abseits der Prototypenherstellung steigt auch der Bedarf an gleichbleibend hoher Bauteilqualität [108].

Als eine der zentralen Herausforderungen für die weitere Etablierung von additiven Technologien wird neben den zu hohen Herstellungskosten branchenübergreifend, aufgrund unzureichender Prozesskontrolle und Wiederholbarkeit, die Qualitätssicherung angesehen [29, 32]. Im industriellen Produktionsprozess kommt es daher aktuell zu erhöhten Kosten durch Ausschussproduktion, wobei die Ausschussquote teilweise auf bis zu 60 % bei Produkteinführungen oder Produktionsumstellungen ansteigen kann. Im Durchschnitt beträgt die Ausschussquote in der Serienfertigung ca. 10 bis 15 % [73].

Zwei der aktuellen großen Defizite des PBF-LB/M-Verfahrens sind die eingeschränkten Möglichkeiten der In-situ-Prozessüberwachung während des Drucks des Bauteils zur Detektion von Prozessirregularitäten und Bauteildefekten sowie die fehlende Analytik dieser Daten in Bezug auf die Identifikation und Klassifikation von Fehlern und Ursachen [61]. Obwohl der Prozess des selektiven Laserschmelzens aus technologischer Sicht eine prozessbegleitende Überwachung beim Fügen des Materials entlang der Schmelzspuren und der Schichten zu einem dreidimensionalen integralen Bauteil erlaubt, existiert nach aktuellem Stand noch keine zuverlässige In-situ-Prozessüberwachung und Dateninterpretationsmethodik, wodurch erst nach Vollendung eines Baujobs die Qualität der Bauteile hinsichtlich Integrität, Materialdichte, Formtreue und Oberflächengüte überprüft werden können. Die dazu angewandten Methoden sind extrem kosten- und zeitintensiv (bspw. mittels zerstörungsfreier Prüfung durch Mikro-Computertomographie (μCT)) und bedingen anteilig die hohen Herstellkosten. Sie ermöglichen lediglich nachgelagert die Überprüfung einer Teilmenge der qualitätsrelevanten Größen an Bauteilen oder prozessbegleitenden Probekörpern, welches das Vertrauen in die Zuverlässigkeit der Fertigungstechnologie und damit ihre industrielle Relevanz und Akzeptanz entscheidend mindert. Des Weiteren resultiert hieraus ein unnötig hoher Material- und Energiebedarf durch hohen Ausschuss. Durch eine frühzeitige Detektion von Prozessinstabilitäten und eine Validierung der Bauteilqualität während des 3D-Druckprozesses wird eine Verringerung des Kosten- und Zeitaufwandes erreicht. Neben den genannten Herausforderungen bietet der sequentielle Aufbau eines Bauteils mittels des PBF-LB/M-Verfahrens den einzigartigen Vorteil, örtlich und zeitlich aufgelöst die Prozessbedingungen (vor, während und nach der jeweiligen Schichtgenerierung) und damit die Bauteileigenschaften zu überwachen und gegebenenfalls anzupassen.

1.2 Zielsetzung und Vorgehensweise

Ausgehend von den vorherrschenden Einschränkungen in der Qualitätssicherung des PBF-LB/M-Verfahrens wird in der vorliegenden Forschungsarbeit ein Beitrag für die schichtweise Qualitätsprüfung des vollständigen Pulverbetts geleistet. Dazu wird ein in seiner Auflösung einzigartiges Messsystem-Setup aufgebaut und untersucht, dessen Bilddaten ex-situ wie in-situ zur 3D-topographischen Erfassung des Pulverbetts analysiert werden. Auf Grundlage der erzeugten Messdaten werden Algorithmen zur Bilddatenverarbeitung erprobt und evaluiert, die in einer automatisierten Softwarelösung die Auswertung hinsichtlich der Pulverbettqualität sowie der Defektbehaftung der einzelnen Pulverschichten bieten. Hierfür werden die Bilddaten segmentiert und fehlerbehaftete Bildbereiche des Pulverbetts identifiziert, klassifiziert und deren Kritikalität beurteilt.

Die kombinierte Auswertemethodik von Pulverbettqualität und Defektbehaftung wird angewandt, um anhand einer vollfaktoriellen Untersuchung der prioritären Stellgrößen im Pulverschichtauftrag die vorherrschenden Prozessbedingungen zu analysieren und deren Einfluss zu ermitteln, aber auch um das Potenzial des direkten Nutzens einer Qualitätsprüfung im Pulverbett für eine Steigerung der Produktivität im Prozess zu validieren. Hierfür wird über die gängige Schichtauftragsgeschwindigkeit hinaus ein höherer Geschwindigkeitsbereich untersucht. Das Ziel der Untersuchungen liegt dabei auf der Identifikation von Parameterkombinationen, welche bei gleicher Produktivitätsrate eine durchgängig höhere Güte des Pulverbetts aufweisen und/oder die bei gleicher Pulverbettqualität eine höhere Auftragsgeschwindigkeit der Pulverschicht erlauben. In beiden Fällen würde der Prozess in seiner Produktivität unmittelbar gesteigert werden, durch eine Steigerung der Prozessstabilität und/oder durch die Reduktion der Prozessnebenzeit.

Das Messsystem mitsamt der Auswertemethodik zur Analyse der Pulverbettqualität wird hinsichtlich des technologischen und wirtschaftlichen Potenzials analysiert. Dabei wird die Übertragbarkeit der Lösung in einen industriell nutzbaren Maßstab untersucht. Hierfür wird die Skalierbarkeit des Messaufbaus für größere Maschinendimensionen sowie die damit verbundenen Kosten untersucht. Auch die prozessparallele Integration des Messzyklus in den sequentiellen Prozessablauf des Fertigungsprozesses wird untersucht. Abschließend wird die erforschte Qualitätsprüfung für das Pulverbett gesamtheitlich beurteilt und in Relation zu aktuellen Entwicklungstrends gesetzt.

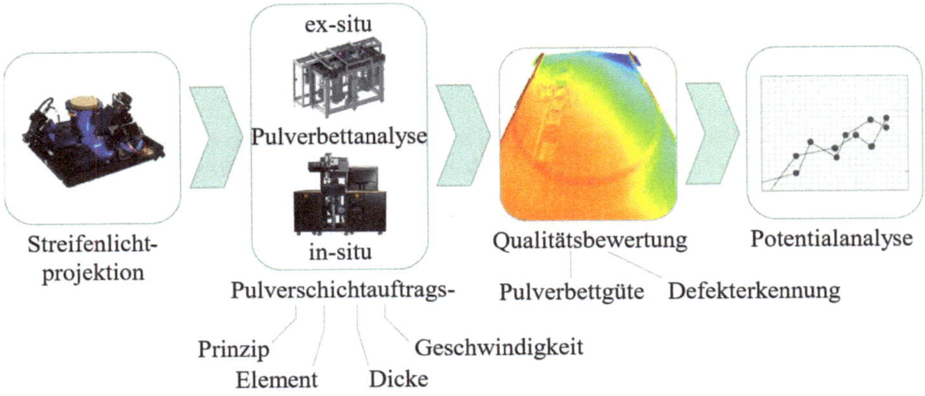

Abbildung 1.1: Visualisierung der Zielsetzung und Vorgehensweise

1.3 Aufbau der Arbeit

Nachdem im ersten Kapitel als Einleitung in die vorliegende Forschungsarbeit die Ausgangslage mit Potenzial und Marktanalyse der additiven Fertigung, aber auch die vorherrschende Problemstellung der unzureichenden Qualitätssicherung, insbesondere der in dieser Arbeit betrachteten Fertigungstechnologie PBF-LB/M, beleuchtet wurde, werden im darauffolgenden Kapitel die Grundlagen zum Stand von Wissenschaft und Technik dargelegt. Dabei wird mit der grundsätzlichen Einordnung der additiven Fertigung und dem zugehörigen Fertigungsverfahren des selektiven Laserschmelzens begonnen, während anschließend auf die technologischen Aspekte des Verfahrens und der Anlagentechnik eingegangen wird. Der Fokus wird auf den Pulverschichtauftrag und alle damit in Verbindung stehenden Komponenten gelegt, aber auch das beteiligte Pulvermaterial und dessen individuellen Materialeigenschaften. Den Abschluss des Kapitels bildet eine Zusammenfassung der am Markt erhältlichen Systemlösungen als auch der in Forschung und Entwicklung befindlichen Ansätze für die In-situ-Prozessüberwachung im PBF-LB/M-Verfahren. Im Speziellen wird auf die Messtechnik für die 3D-topographische Erfassung des Pulverbetts eingegangen und im Detail die Streifenlichtprojektion behandelt.

Daran schließt sich das Kapitel 3 zum Forschungsbedarf und Lösungsweg an. In diesem wird zunächst der Handlungsbedarf aus der vorherrschenden Lücke im Stand der Technik abgeleitet und anschließend der methodische Lösungsansatz für die Forschungsarbeit detailliert.

In Kapitel 4 werden die entwickelten Komponenten des Streifenlichtprojektionssystems zur Qualitätsprüfung für das Pulverbett beschrieben. Neben dem Messtechnikaufbau StructuredLight3D (SL3D) wird die Bilddatenverarbeitung thematisiert und eine Auswertemethodik untersucht und implementiert, mit der sich die akquirierten Schichtaufnahmen automatisiert verarbeiten und bewerten lassen. Dabei werden logische Verarbeitungsketten zum einen für die allgemeine Pulverbettqualität in Bezug auf Ebenheit und Rauheit erarbeitet, zum anderen für die Identifikation und Klassifikation von defektbehafteten Bildbereichen erarbeitet, erprobt und iterativ optimiert.

Für den Ex-situ-Prüfeinsatz des SL3D-Systems wird ein eigens im Rahmen der Forschungsarbeit entwickelter Pulverbettprüfstand mit hohen Freiheitsgraden vorgestellt, der die Variation der Komponenten und Parameterkombinationen im Pulverschichtauftrag für die in Kapitel 5 durchgeführten Untersuchungen abbildet. Dem schließt sich eine Beschreibung der PBF-LB/M-Forschungsanlage AconityLAB der Aconity3D GmbH an, auf der die In-situ-Versuche durchgeführt werden. Zudem wird das verwendete Pulvermaterial beschrieben. Es werden jeweils der Ex-situ- und In-situ-Versuchsaufbau sowie die untersuchten Prozessparameter, deren Einstellbereiche sowie die daraus resultierenden Parameterkombinationen für die Versuche beschrieben.

Anschließend werden in Kapitel 5 zuerst die Ergebnisse der auf dem Pulverbettprüfstand durchgeführten Ex-situ-Versuche (vollfaktorielle Betrachtung, insgesamt 162 Parameterkombinationen) dargestellt, zusammengefasst und entsprechend der Zielsetzung der Arbeit aufbereitet. Dem schließen sich die hinsichtlich des Parameterfensters eingegrenzten In-situ-Versuche (insgesamt 30 Parameterkombinationen) an, anhand derer die Validierung im Fertigungsprozess erfolgt. Abschließend wird die anhand der validierten Parameterkombinationen erlangte Steigerung der Produktivität im PBF-LB/M-Fertigungsprozess diskutiert und deren Potenzial dargestellt.

In Kapitel 6 wird eine Potenzialanalyse anhand der aus den vorherigen Kapiteln gewonnenen Ergebnissen vorgenommen und das erforschte Messsystem zur Qualitätsprüfung für das Pulverbett hinsichtlich der Übertragbarkeit, Skalierbarkeit, Echtzeitfähigkeit und Kosten in einem industriellen Maßstab beleuchtet.

Zum Abschluss werden alle gewonnenen Erkenntnisse zur Qualitätsprüfung für das Pulverbett zusammengefasst und bewertet, sowie sich aus der Arbeit ergebende Forschungsfragen und Schnittstellen zu technologischen Entwicklungstrends in einem Ausblick adressiert.

Eine Übersicht über den strukturellen Aufbau der Forschungsarbeit ist in Abbildung 1.2 dargestellt.

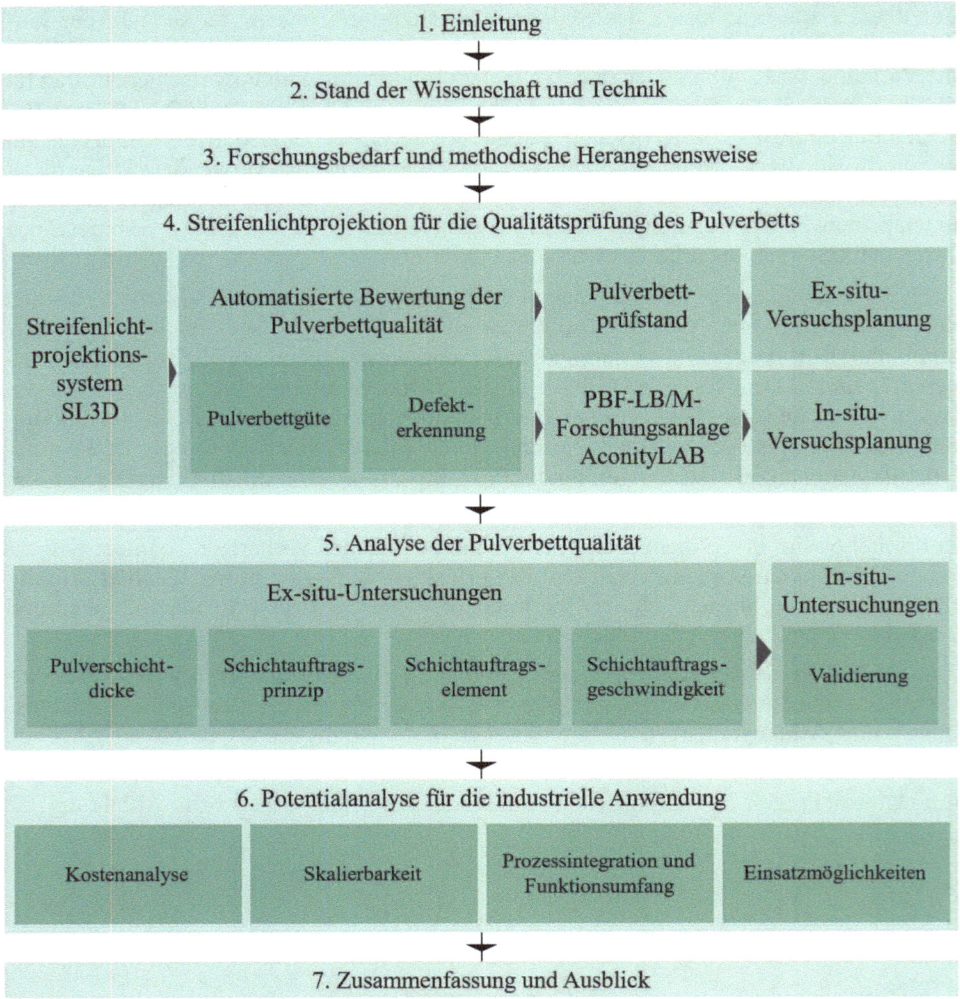

Abbildung 1.2: Struktureller Aufbau der Forschungsarbeit

2 Stand der Wissenschaft und Technik

2.1 Additive Fertigung

Der in der deutschsprachigen VDI 3405 [32] sowie in der englischsprachigen ASTM F2792 [6] genormte Begriff der additiven Fertigung beschreibt zusammenfassend Verfahren, bei denen Bauteile durch schichtweises Fügen von formlosem Rohmaterial gefertigt werden. Innerhalb der DIN 8580 [14] werden Fertigungsverfahren in sechs verschiedene Hauptgruppen unterteilt: Urformen, Umformen, Trennen, Fügen, Beschichten und Stoffeigenschaft ändern. Basierend auf den Definitionen der DIN 8580 ist die additive Fertigung in die Hauptgruppe des Urformens einzuordnen. Die erste Hauptgruppe der DIN 8580 beschreibt, dass aus einem formlosen Rohmaterial ein Werkstück hergestellt und ein Zusammenhalt geschaffen wird [52].

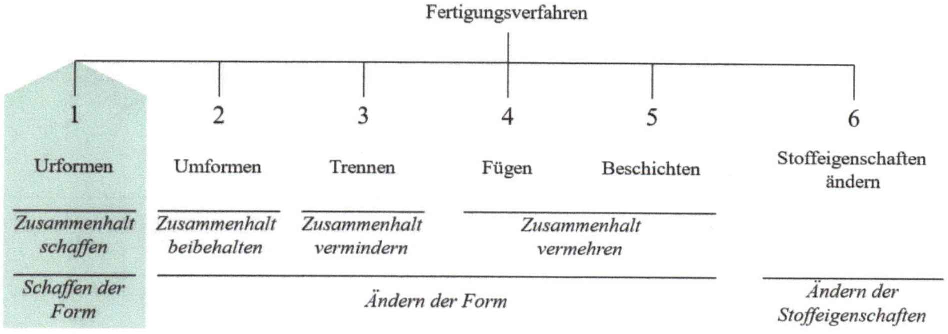

Abbildung 2.1: Hauptgruppen der Fertigungsverfahren nach DIN 8580 [14, 19]

Im angloamerikanischen Raum werden Fertigungsverfahren hingegen lediglich in drei Hauptgruppen unter Berücksichtigung des Einwirkens auf das Material unterschieden: subtraktive, formative und additive Fertigungsverfahren.

Subtraktiven Verfahren ist die definierte Entfernung von Material zur endkonturnahen oder endgültigen Formgebung gemein. Dabei wird durch gezielte Krafteinwirkung unter Ausnutzung eines Werkzeugs, wie beispielweise beim Drehen oder Fräsen, Material oberflächlich abgetragen. Auch durch gezielten Energieeintrag, wie beispielsweise beim Schneiden oder Erodieren, wird Material gezielt entfernt. In der Regel werden diese Verfahren auf Halbzeuge angewandt. Die formativen Fertigungstechnologien zeichnen sich dadurch aus, dass ein vorgegebenes Volumen umgeformt wird. Typische Beispiele für diese Gruppe sind die Verfahren Schmieden, Gießen oder Tiefziehen. Formative Verfahren benötigen typischerweise bauteilabhängige Werkzeuge oder Formen.

D. Jutkuhn, *Qualitätsprüfung für das Pulverbett im selektiven Laserschmelzprozess*, Light Engineering für die Praxis,
https://doi.org/10.1007/978-3-662-72754-6_2

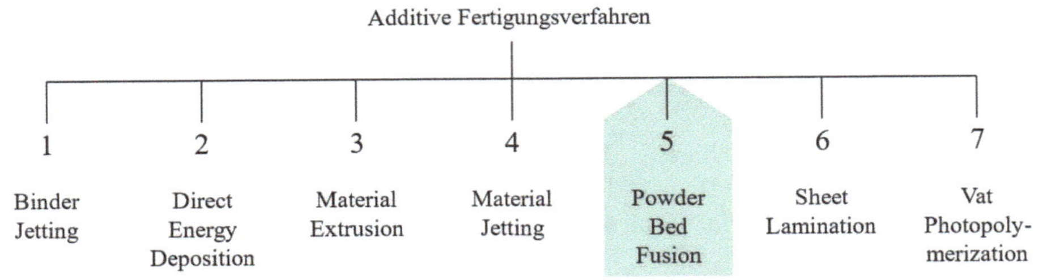

Abbildung 2.2: Hauptgruppen der additiven Fertigungsverfahren nach [4, 22, 30, 91]

Tabelle 2.1: Hauptgruppen (HG) additiver Fertigungsverfahren nach ISO/ASTM 52900 [4, 22, 30, 91]

HG	Additives Fertigungsverfahren	Verfahrensbeschreibung / Verfahrensbezeichnung
1	Freistrahl-Bindemittelauftrag (engl.: binder jetting)	Ein flüssiges Bindemittel wird selektiv auf Pulvermaterialien aufgebracht, damit diese sich verbinden. Binder Jetting (BJ) Metal Binder Jetting (MBJ)
2	Materialauftrag mit gerichteter Energieeinbringung (engl.: directed energy deposition)	Materialien werden während des Auftragens mittels fokussierter Wärmeenergie durch Schmelzen vereinigt. Laser Metal Deposition (LMD) Laser Engineering Net Shaping (LENS)
3	Materialextrusion (engl.: material extrusion)	Werkstoff wird gezielt durch eine Düse oder Öffnung aufgetragen. Fused Deposition Modeling (FDM)
4	Freistrahl-Materialauftrag (engl.: material jetting)	Das Ausgangsmaterial wird in Tropfenform gezielt aufgetragen. Material Jetting (MJ) Drop on Demand (DOD)
5	Pulverbettbasiertes Schmelzen (engl.: powder bed fusion)	Mittels fokussierter Wärmeenergie wird ein definierter Bereich eines Pulverbetts aufgeschmolzen. Laser Powder Bed Fusion (PBF-LB/M) Electron Beam Powder Bed Fusion (PBF-EB/M)
6	Schichtlaminierung (engl.: sheet lamination)	Ausgeschnittene Materialfolien werden verbunden, um ein Bauteil zu generieren. Ultrasound Additive Manufacturing (UAM) Laminated Object Manufacturing (LOM)
7	Badbasierte Photopolymerisation (engl.: vat photopolymerization)	Ein flüssiges Photopolymer wird in einem Bad gezielt durch lichtaktivierte Polymerisation ausgehärtet. Stereolithographie (SLA)

Die Gemeinsamkeit der additiven Fertigungsverfahren liegt darin, dass die gewünschte Geometrie durch Aneinanderfügen von Volumenelementen aus formlosem Rohmaterial erzeugt wird. Typischerweise geschieht dies durch automatisierte und periodisch wiederkehrende Prozesse, die auf dem Prinzip der Schichttechnologie aufbauen. Die Herstellung erfolgt dabei werkzeug- und kontaktlos [51, 109].

Die einzelnen additiven Fertigungsverfahren unterscheiden sich in Art und Aggregatzustand des Ausgangsmaterials sowie in den Bindungsmechanismen der Schichten. Nach dem Standard ISO/ASTM 52900:2018-06 2018 [30] werden die Verfahren dabei in folgende sieben Hauptgruppen (HG) eingeteilt, die in Tabelle 2.1 dargestellt werden [30, 39].

2.2 Selektives Laserschmelzen

Beim pulverbettbasierten additiven Schmelzprozess fügt ein konzentrierter Energiestrahl Pulverpartikel Schicht für Schicht zusammen. Der Energiestrahl kann hierbei ein gebündelter Elektronenstrahl oder ein fokussierter Laserstrahl sein. Die Gruppe der laserbasierten Pulverbettfusionsprozessen kann, je nach Art des eingesetzten Materials, weiter in selektives Lasersintern von Polymeren (PBF-LB/P) und selektives Laserschmelzen für Metalle (PBF-LB/M) unterteilt werden. Diese Arbeit befasst sich ausschließlich mit dem selektiven Laserschmelzen von Metallpulvern. Maschinenhersteller verwenden für das gleiche Verfahrensprinzip unterschiedliche Namen, um ein Branding mit der eigenen Marke zu erreichen. Eine Übersicht wird in Tabelle 2.2 aufgeführt [102, 115].

Tabelle 2.2: Alternative Bezeichnungen für das Verfahren des selektiven Laserschmelzens

Bezeichnung	Namensgeber
Selective Laser Melting (SLM)	SLM Solutions Group AG, ReaLizer, DMG Mori
Direct Metal Laser Melting (DMLM)	GE Additive
Direct Metal Laser Sintering (DMLS)	EOS
LaserCUSING	Concept Laser
Laser Metal Fusion (LMF)	Trumpf/Sisma3D
Laser Powder Bed Fusion (L-PBF)	Fraunhofer-Institut für Lasertechnik
Laser-Based Powder Bed Fusion of Metals (PBF-LB/M)	Bezeichnung nach ISO und VDI-Norm

Die ISO/ASTM 52911-1:2020-05 [31] definiert die nunmehr allgemein gültige Bezeichnung für das selektive Laserschmelzen mit der Abkürzung PBF-LB/M. Die Abkürzung enthält dabei die wesentliche Verfahrensbeschreibung der laserbasierten Pulverbettfusion von Metallen, im Englischen: *Laser-based powder bed fusion of metals*. In dieser Arbeit wird ausschließlich die standardisierte Bezeichnung PBF-LB/M verwendet.

Die wie in den Vorjahren marktdominierende additive Fertigungstechnologie für Metall stellt das PBF-LB/M-Verfahren mit einem Marktanteil von 75 % aller verkauften Metall-Systeme dar [4]. Die Anzahl der Hersteller für PBF-LB/M-Anlagentechnik steigt weiter an, insbesondere durch neue Anbieter aus dem asiatischen Raum [110].

Hervorgehend aus den ersten Anwendungen im Rapid Prototyping reift PBF-LB/M-technologisch weiter in Richtung vollautomatisierter und produktionstechnisch skalierbarer Lösungen heran. Dabei ging der Trend der vergangenen Jahre hin zu Großsystemen mit Bauvolumen jenseits der 1-Kubikmeter-Marke, aber auch der Einsatz von Mehrlasersystemen mit bis zu 64 parallel arbeitenden Laserquellen zur Erhöhung der Produktivität stehen im Fokus der Entwicklungen [4].

Als eine der zentralen Herausforderungen für die weitere Etablierung von additiven Technologien wird aktuell branchenübergreifend aufgrund unzureichender Prozesskontrolle und Wiederholbarkeit die Varianz in der resultierenden Qualität angesehen [29, 32], deren Einfluss aufgrund der neuen Größenordnung der Systemlösungen und der Vielzahl an Laserquellen weiter ansteigt.

2.2.1 Prozessablauf und Funktionsprinzip

Grundlegend gliedert sich der Prozessablauf in sechs aufeinander folgende Prozessschritte entlang der Prozesskette, bis das endgültige Bauteil hergestellt ist. Aussagekräftige Maßnahmen zur Qualitätssicherung, auf dessen Grundlage eine Zertifizierung des Prozesses bislang erreicht werden kann, finden dabei in der Regel in den Prozessschritten 5 und 6 als zerstörungsfreie und zerstörende Prüfungen statt, also dem eigentlichen Bauprozess in Schritt 4 nachgelagert [52] (vgl. Abbildung 2.3).

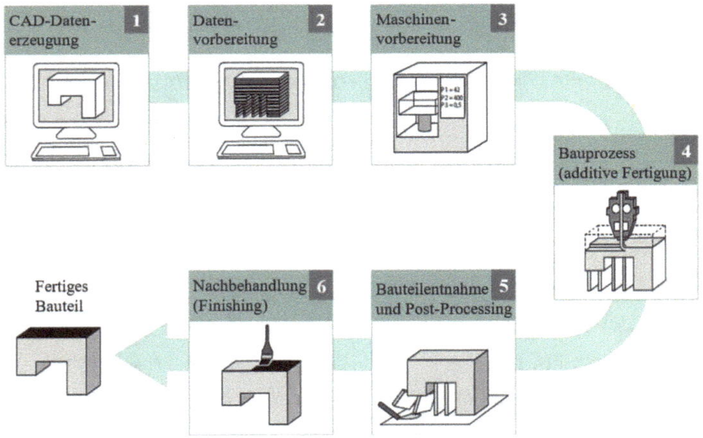

Abbildung 2.3: Prozessschritte im Fertigungsablauf des PBF-LB/M [71]

Zu Beginn ist das zu fertigende Bauteil in einer CAD-Software zu konstruieren oder mit Hilfe des Reverse Engineering durch optische oder taktile Messverfahren als 3D-CAD-Objekt zu erzeugen. Für die weitere Verarbeitung durch die PBF-LB/M-Anlagensoftware müssen die CAD-Daten zunächst in das STL-Format konvertiert werden.

Dabei wird die gesamte Oberfläche des Volumenbauteils mittels dreieckiger Flächenelemente approximiert. Anschließend wird mit einer 3D-Druck-Bauvorbereitungssoftware das Bauteil in einer virtuellen Baukammer positioniert und orientiert. Dafür braucht es einen zu der zum Einsatz kommenden PBF-LB/M-Anlagentechnik kompatiblen Build-Processor, um die Daten für die schichtweise Fertigung auf der Anlage vorzubereiten.

Das positionierte und orientierte Bauteil wird mit Hilfe von Stützstrukturen (siehe Abbildung 2.4) lokal fixiert und angebunden [9]. Neben der Aufrechterhaltung der Position und Orientierung dienen die Stützstrukturen auch dem Abtransport der Prozesswärme in die Bauplattform und dem Auffangen von prozessbedingten Eigenspannungen. Zudem werden konstruktionsbedingte Überhänge, die ihre Form und Lage während des Fertigungsprozesses nicht selbständig beibehalten können, gestützt.

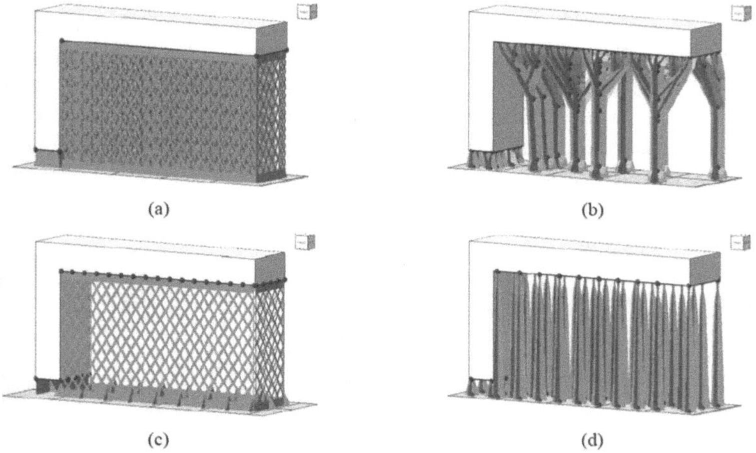

Abbildung 2.4: Beispielhafte Arten von Stützstrukturen zur Abstützung einer überhängenden Bauteilstruktur: Blockstützstruktur (a), baumartiger Stützstruktur (b), Polylinien-Stützstruktur (c) und Stabstützstruktur (d) [7]

Das Bauteil wird anschließend mit seinen Stützstrukturen in horizontale Schichten entsprechend der zuvor definierten Fertigungsschichtdicke zerlegt. Diese Zerlegung der Bauteilvolumeninformationen in repräsentative zweidimensionale Konturen wird als Slicing bezeichnet. Indem jeder einzelnen Kontur eine definierte Schichtdicke zugewiesen wird, entsteht eine zweieinhalbdimensionale Schichtinformation des gesamten Bauteils. Durch das Slicen wird das Modell in Schichten mit den geometrischen Informationen zerlegt. Die Schichtdicke wird dabei in Abhängigkeit der Maschinenparameter, der gewünschten Genauigkeit des zu erzeugenden Bauteils sowie dem bei der Fertigung verwendeten Materials gewählt.

Im Anschluss daran werden den einzelnen Schichten die Belichtungsvektoren des Lasers anhand zuvor definierter Prozessparameter sowie der zugrundeliegenden Scanstrategie zugeordnet. Dieser Vorbereitungsschritt wird Hatchen genannt. Auf Grundlage der so erzeugten Fertigungsdaten kann das Bauteil schichtweise durch die PBF-LB/M-Anlagentechnik aufgebaut werden [112].

Nach Übertragen der Daten an die Fertigungsanlage und dem Festlegen der Prozessparameter wird die Anlage mit dem Material und der Bauplatte gerüstet. An dieser Stelle werden auch alle beteiligten Komponenten des Schichtauftragssystems kontrolliert bzw. verschlissene Komponenten wie das Schichtauftragselement unter Umständen ersetzt und neu justiert. Anschließend beginnt die schichtweise Fertigung des physischen Bauteils.

Entsprechend der vorbereitenten Schichtinformationen wird den Belichtungsvektoren der jeweiligen Schicht folgend mit einem fokussierten Laserstrahl das Pulverbett selektiv aufgeschmolzen (siehe Abbildung 2.5). Die in dem Prozess eingebrachte Wärmeenergie wird in das umgebende Pulver und über das Bauteil und die Stützstrukturanbindung in die Bauplattform abgeführt, sodass das Material erstarrt. Dabei verbindet sich das aufgeschmolzene Pulvermaterial mit dem darunter befindlichen Material von Bauplattform oder vorhergehender Bauteilschicht und es kann eine relative Materialdichte von nahe 100 % erreicht werden, sodass die additiv gefertigten Bauteile ähnliche mechanische Eigenschaften wie gegossene Bauteile aufweisen können (siehe Abbildung 2.6) [89]. Anschließend wird die Bauplattform um die nächste Schichtdicke abgesenkt und eine neue Pulverschicht aufgetragen. Durch Belichten mit dem Laserstrahl wird diese erneut selektiv aufgeschmolzen und verbindet sich schmelzmetallurgisch mit der darunterliegenden Schicht. Diese Prozedur des Mikrowärmeleitschweißprozesses wiederholt sich, bis alle zu fertigenden Schichten aufeinander gefügt wurden und somit ein physischer Volumenkörper nach Vorgabe des 3D-CAD-Modells erzeugt wurde.

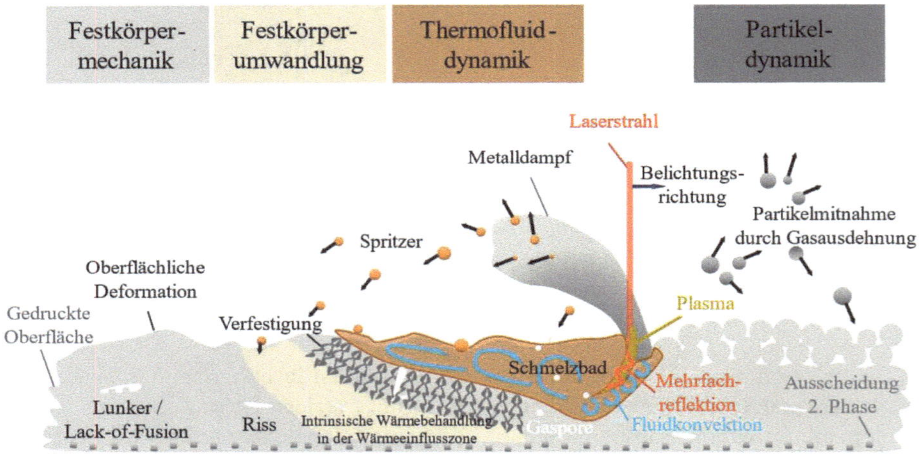

Abbildung 2.5: Schematische Darstellung des Schmelzprozesses im PBF-LB/M-Verfahren nach [85]

Der Schmelzprozess findet vollständig unter einer Schutzgasatmosphäre statt. Hierfür werden zumeist inerte Gase wie Argon, Helium oder Stickstoff verwendet. Die Schutzgasatmosphäre verhindert dabei eine unerwünschte Oxidation oder Nitrierung beim Aufschmelzen des Pulvers und hemmt die spontane Reaktionsfähigkeit des Pulvers, damit die Gefahr durch Pulverbrand und Explosion der Pulverwerkstoffe beherrschbar bleibt [99]. In den nicht umgeschmolzenen Bereichen des Pulverbettes verbleibt das Pulver lose und dient der Stützung der verfestigten Struktur sowie der Wärmeableitung während des Prozesses.

Nach Beendigung des Fertigungsprozesses und der Entnahme der Bauplattform mit den Bauteilen kann das Pulver durch Siebung aufbereitet und wiederverwendet werden [18, 95]. Die vom Laserstrahl eingebrachte Energie wird von den Pulverpartikeln größtenteils absorbiert, aber auch diffus reflektiert.

Der Grad der Absorption ist von der Wellenlänge und Polarisation der Laserstrahlung, der Temperatur sowie den Materialeigenschaften abhängig. Darüber hinaus spielen auch die Beschaffenheit und Geometrie der belichteten Oberfläche eine Rolle. Beim selektiven Laserstrahlschmelzen wird die Oberfläche aus einer beliebigen Anordnung von Pulverpartikeln im Pulverbett gebildet. Da der Durchmesser der Partikel in der Regel geringer als der Fokusdurchmesser des Laserstrahls ist, ist die Absorption inhomogen.

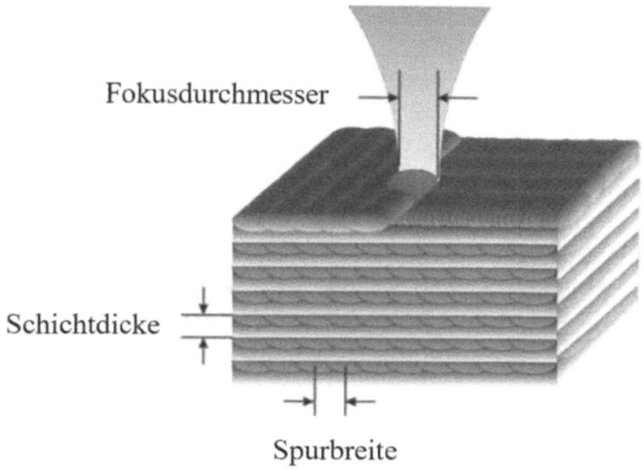

Abbildung 2.6: Prinzip des schichtweisen Aufbaus beim PBF-LB/M-Prozesses [89]

Je nach Größe, Lage und Orientierung gehen Partikel früher als angrenzende Partikel in die flüssige Phase über. Begünstigt wird der Prozess einer homogenen Aufschmelzung durch die hohe Wärmeleitfähigkeit von Metallen. Angrenzende Partikel werden durch die Energietransmission ebenfalls aufgeschmolzen und es kommt zu einem Stoffaustausch zwischen den Partikeln. Durch die Einbringung von ausreichender elektromagnetischer Strahlung in die Wechselwirkungszone werden alle Pulverpartikel innerhalb dieser aufgeschmolzen und ein geschlossenes Schmelzbad erzeugt. Angrenzende, bereits verfestigte Bereiche unter und neben der kurzzeitigen Wechselwirkungszone werden mit aufgeschmolzen. Es entsteht eine schmelzmetallurgische Verbindung zwischen benachbarten Spuren des Laserstrahls und den darunterliegenden Schichten. Bei abgestimmter Wahl der Verfahrensparameter und unter Berücksichtigung der Werkstofflegierung kann eine relative Bauteildichte von nahezu 100 % erreicht werden [79, 89].

Im Vergleich zu subtraktiven Fertigungsverfahren, wie Drehen und Fräsen, ist für die additive Fertigung mittels PBF-LB/M eine geringere Oberflächengüte sowie Maßhaltigkeit charakteristisch, die prozessbedingt durch das vektorbasierte Fügen von Schmelzraupen zu einer Fläche, als auch das schichtweise Fügen dieser Flächen zu einem Volumenkörper, hervorgerufen werden. Je nach Anforderungen an das gefertigte Bauteil können diese im letzten Prozessschritt durch Folgeprozesse, wie z. B. Abrasivstrahlen oder spanende Bearbeitung, erreicht werden.

2.2.2 Anlagenarchitektur und wesentliche Prozessstellgrößen

In diesem Abschnitt werden die wesentlichen Komponenten behandelt, aus denen sich grundsätzlich die Maschinenarchitektur von PBF-LB/M-Fertigungsanlagen zusammensetzt. In Abbildung 2.7 ist der schematische Aufbau der Anlagenarchitektur einer PBF-LB/M-Fertigungsanlage dargestellt.

Die PBF-L/M-Anlagenarchitektur setzt sich mindestens aus den folgenden Komponenten zusammen [12]:

- Druckdichte Prozesskammer
- Höhenverstellbares Hubsystem mit Bauplattform (bildet den Bauraum)
- Eine oder mehrere Laserstrahlquellen
- Ein oder mehrere optische Scannersysteme zur dynamischen Laserstrahlfokussierung und -positionierung
- Pulverreservoir oder -tank
- Überlaufbehälter für Pulver
- Pulverbeschichter für den schichtweisen Pulverauftrag
- Evakuierungssystem mit Inertgaszuführung
- Heizung zur Vorwärmung der Bauebene oder des Bauraums
- Anlagensteuerung

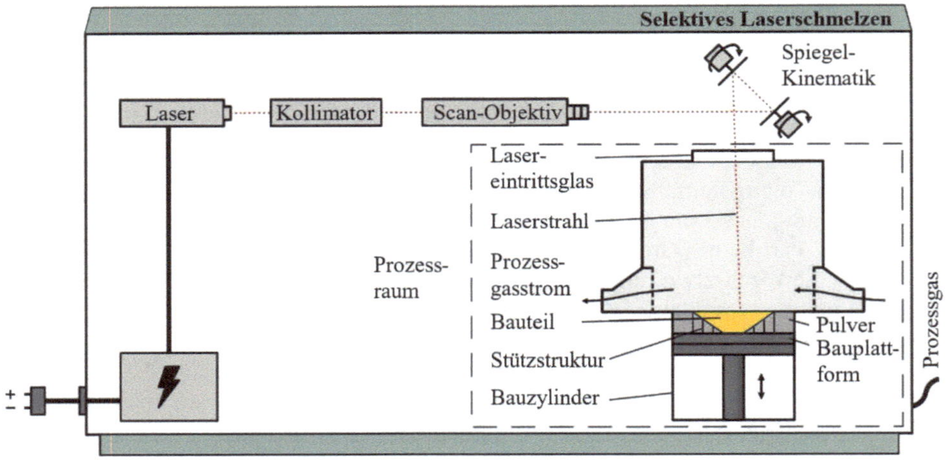

Abbildung 2.7: Schematischer Aufbau einer selektiven Laserstrahlschmelzanlage nach [51]

Die Auflösung des Prozesses wird in der Vertikalen durch die gewählte Schichtdicke definiert, die über die Absenkung der Bauplattform relativ zu dem schichtauftragenden Element erzeugt wird und bedingt den für die schichtweise Fertigung typischen Treppenstufeneffekt. Die laterale Auflösung des Prozesses wird prioritär durch die Bewegungsauflösung der Spiegelkinematik im Scanner des optischen Systems, den Fokusdurchmesser des Laserstrahls in der Bauebene, die Belichtungsparameter (Laserleistung, Scangeschwindigkeit), den gewählten Spurabstand der Schraffur im Scanmuster der zugrundeliegenden Scanstrategie sowie die Materialeigenschaften des verwendeten Metallpulvers definiert [52].

Eine Übersicht der prioritären Prozessparameter, gegliedert in vordefinierte und einstellbare Prozessparameter, die den Prozess und die resultierende Fertigungsqualität bestimmen, ist in Abbildung 2.8 dargestellt.

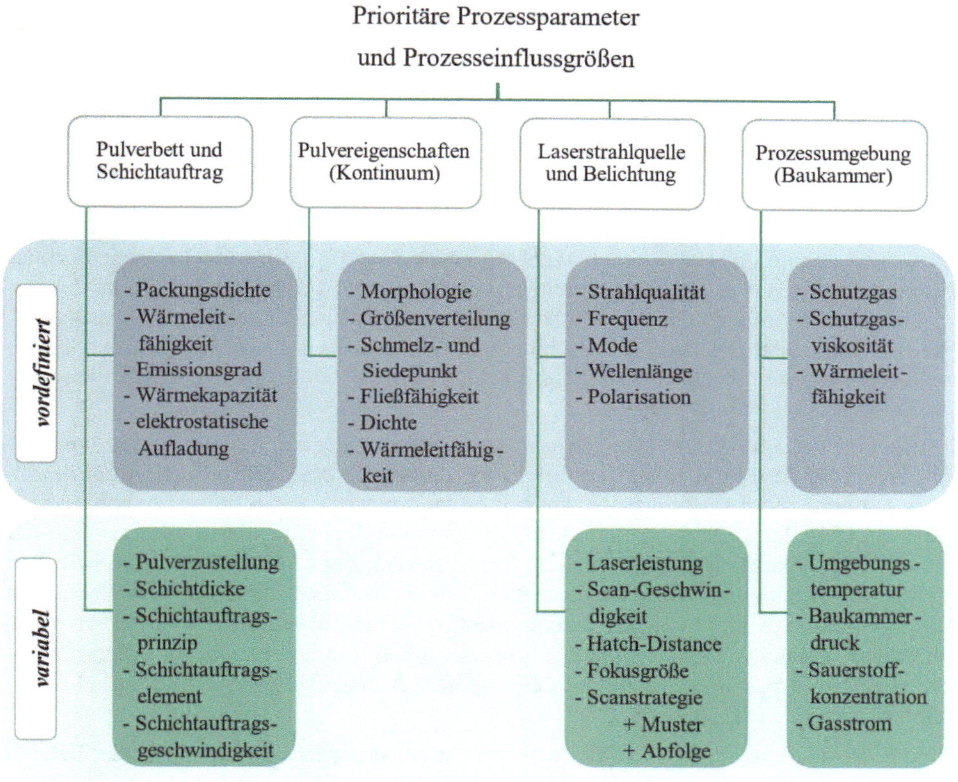

Abbildung 2.8: Gliederung der prioritären Prozessparameter und Prozesseinflussgrößen nach [102]

2.3 Pulverbettcharakteristik

In diesem Abschnitt wird das Metallpulver als Ausgangsmaterial, die an der Ausbildung des Pulverbetts beteiligten Anlagenkomponenten sowie dessen Interaktion miteinander, näher betrachtet. Zudem werden die gängigen Fehlerbilder im Pulverbett eingeordnet und der ursächliche Bezug zu den Bauteildefekten hergestellt.

2.3.1 Pulvercharakteristik

Haufwerke aus einzelnen körnigen oder pulvrigen Feststoffen werden als Schüttgüter bezeichnet [96, 104]. Das Verhalten von Schüttgütern kann mit Hilfe der Kontinuumsmechanik beschrieben werden und bewegt sich in der Eingliederung zwischen dem Verhalten einer Newtonschen Flüssigkeit und dem eines Hookeschen Festkörpers [104].

In den Extremzuständen ist ein Schüttgut fluidisiert und ähnelt im weitesten Sinne einer Flüssigkeit, oder ist formstabil kompaktiert wie ein Festkörper. In den meisten Fällen ist ein Schüttgut nur leicht verdichtet. Dabei überträgt es über die enthaltenen Pulverpartikel keine oder nur geringe Zugspannungen. Ruhend überträgt es Druck- sowie Schubspannungen. Die Fließgrenze des Schüttguts ist vom Spannungszustand des Kontinuums abhängig. Wird die Fließgrenze durch Schubspannungen überschritten, beginnt das Schüttgut zu fließen. Die Dichte eines Schüttguts hängt von der äußeren Krafteinwirkung und der Bewegung ab, in dem sich ein Schüttgut befindet [96, 104].

2.3.1.1 Pulverherstellung

Pulver können durch mechanische Zerkleinerung ohne eine Phasenumwandlung hergestellt werden, indem die Übertragung von mechanischer Bewegungsenergie auf den zu zerkleinernden Festkörper in einem Mahlaggregat erfolgt [94]. Eine mechanische Zerkleinerung mit Phasenumwandlung zeichnet sich hingegen durch die Zerteilung der geschmolzenen Tröpfchen des Werkstoffes und der anschließenden raschen Erstarrung aus. Die Schmelze oder der lokal aufgeschmolzene Werkstoff wird dabei gezielt durch strömende, komprimierte Gase oder Flüssigkeiten von mechanisch bewegten Teilen oder durch Ultraschall zerteilt [94].

Insbesondere das Verfahren der Inertgasverdüsung hat sich für die Herstellung von Metallpulvern für das PBF-LB/M-Verfahren als geeignet erwiesen. Die oxidationsempfindlichen, legierten Werkstoffe werden durch Inertgas zerstäubt und erstarren zu sphärischen Partikeln [94]. Je höher der Druck des Gasstroms gewählt wird, desto geringer fällt der mittlere Pulverpartikeldurchmesser aus. Der Gasdruck liegt in der Regel unterhalb von 15 bar [11]. Kleinere Partikel erstarren schneller und können durch Gasverwirbelungen mit größeren, noch nicht vollständig erstarrten Partikeln kollidieren und werden an deren Oberfläche gebunden. Aus diesem Grund sind größere Partikel oft oberflächlich mit Satellitenpartikeln bestückt. Auch durch eine spätere Adhäsion können sich Partikel miteinander verbinden [11, 99].

Für die Anwendung im PBF-LB/M-Verfahren muss das hergestellte Rohpulver aufbereitet werden. Es wird durch stufenweises Sieben in Teilchengrößenklassen getrennt und durch gezieltes Mischen dieser klassifizierten Fraktionen wird die Zusammenstellung der geforderten Partikelgrößenverteilung erreicht [94]. Die Eigenschaften beschreiben und grenzen Metallpulver voneinander ab. Dazu zählen die Partikelform, Partikelgröße und Partikelgrößenverteilung, die Fließfähigkeit, die Dichte sowie die elektrischen Eigenschaften.

2.3.1.2 Pulverpartikelform

Die Gestalt der einzelnen Partikel eines Pulvers beschreibt die Partikelform. Die Formen der Partikel können sphärisch, nadelförmig, dendritisch, spratzig oder unregelmäßig mit Satellitenanhaftung sein (siehe Abbildung 2.9). Ein Pulver aus regelmäßig geformten, sphärischen Partikeln begünstigt ein homogenes Schichtauftragsverhalten im PBF-LB/M-Verfahren, während inhomogene Partikelformen zu vermehrten Fehlbildungen im Schichtauftrag führen, die ursächlich für Bauteilfehler sein können [99].

2.3.1.3 Pulverpartikelgröße und -verteilung

Es ist nicht sinnvoll, direkte Abmessungen von Pulverpartikeln zu verwenden, da es sich dabei nicht um eindeutig geometrisch bestimmte und regelmäßige Formen handelt. Statistische Längen können jedoch durch optische Messverfahren aufgenommen und für eine Charakterisierung genutzt werden. Das Messverfahren legt dazu eine Messrichtung fest, auf dessen Grundlage folgende Maße nach [104] ermittelt werden können:

x_{Fe}: Feretdurchmesser: Projektion des Partikels in Messrichtung

x_{Ma}: Martindurchmesser: Strecke, die die Projektionsfläche parallel zur Messrichtung halbiert

$x_{c,max}$: Längste Sehne in Messrichtung: Längste Strecke durch die Partikelprojektion, parallel zur Messrichtung

Mit dem Äquivalentdurchmesser werden geometrische oder physische Eigenschaften einer Kugel oder eines Kreises beschrieben, die die gleichen Eigenschaften der betrachteten unregelmäßigen Partikel aufweisen. Geometrische Äquivalentdurchmesser können für die folgenden Eigenschaften ermittelt werden: Volumengleiche Kugeln, oberflächengleiche Kugeln oder projektionsflächengleiche Kreise. Physikalische Äquivalentdurchmesser können für folgende Eigenschaften ermittelt werden: Durchmesser von Kugeln mit gleicher Sinkgeschwindigkeit, aerodynamischer Durchmesser, Durchmesser von Kugeln mit gleicher Streulichtintensität und Durchmesser von Kugeln mit gleicher elektrischer Mobilität [104].

Die Partikelgrößenverteilung (PSD) ist eine statistische Größe und gibt den Anteil von unterschiedlich großen Partikeln an der Gesamtmenge an. Zum Einsatz kommen meist monomodale Partikelgrößenverteilungen, die in der Verteilungsdichtekurve nur ein Maximum aufweisen. Bei einer links- oder rechtschiefen Partikelverteilung weist das Pulver mehr feinkörnige oder mehr grobkörnige Partikel im Vergleich zur Normalverteilung auf. Maßgeblich für das Prozessverhalten und die Bauteileigenschaften ist neben der Größenverteilung die Breite der Verteilungskurve [99].

Die Größe der einzelnen Partikel und deren Verteilung charakterisieren die Eigenschaften des Metallpulvers im hohen Maße. Die Partikelgröße beeinflusst die Dicke einer Pulverschicht. Der Mittelwert und der Maximalwert der Größenverteilung des Pulvers gibt den Rahmen für die minimale und maximale Pulverschichtdicke vor [101].

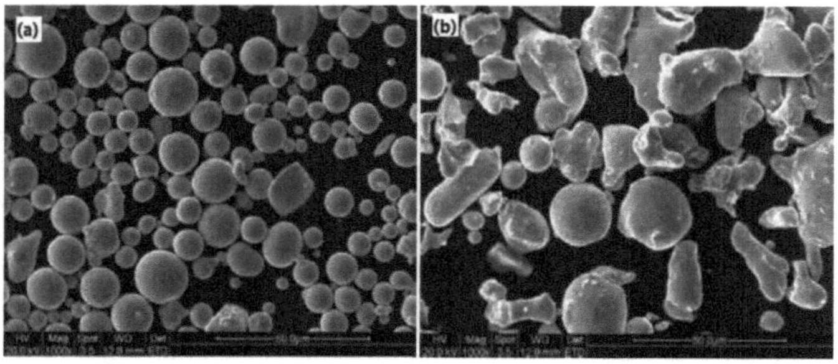

Abbildung 2.9: REM-Bilder der Pulvermorphologie von rostfreiem Stahl, hergestellt durch (a) Gasverdüsung; (b) Wasserverdüsung [118]

2.3.1.4 *Fließfähigkeit*

Das Fließen ist ein irreversibler Prozess, bei dem das Schüttgut seine Form verändert. Fließen wird durch das Überschreiten der Fließgrenze in Folge von Belastungen erreicht [104]. Die Fließfähigkeit ist das Verhalten von Pulver im freien Fall aufgrund der Gewichtskraft. Maßgeblich für die Fließfähigkeit von Pulver sind die Haftkräfte unter den einzelnen Partikeln, die Partikelform, Anhaftungen am Partikel, die kleinste vorhandene Partikelgröße und die relative Feuchte. Adhäsionskräfte führen bei sehr kleinen Partikeln zu einem Verkleben der Partikel (Agglomeration), d. h. die Partikel verbleiben haftend aneinander [43]. Für einen homogenen, flächigen Pulverauftrag ist eine hohe Fließfähigkeit des Pulvers erforderlich. Ferner wird ein gleichmäßiger Energieeintrag für den Schmelzprozess ermöglicht [74].

2.3.1.5 *Füll-, Klopf und Packungsdichte*

Die Fülldichte gibt das Verhältnis der Gesamtmasse der betrachteten Pulverpartikelmenge und dem eingenommenen Volumen des Schüttgutes an. Bei Ermittlung der Fülldichte nach DIN EN ISO 3923-1 [33] rieselt das Pulver durch einen Trichter frei in ein definiertes Volumen und dessen Masse wird bestimmt. Wird eine Verdichtung des Schüttgutes z. B. durch definierte Vibration oder Erschütterung herbeigeführt, wird von der Klopfdichte gesprochen [34]. Für die additive Fertigung mittels selektivem Laserschmelzen ist grundsätzlich eine hohe Packungsdichte der Pulverschicht vorteilhaft [74, 80, 107], da das Schwindungsvolumen beim Schmelzvorgang geringer ausfällt, der Einschwingvorgang über die ersten Schichten schneller erfolgt [79, 83] und die resultierende Bauteildichte höher ausfällt.

2.3.1.6 *Elektrische Eigenschaften von Metallpulvern*

Metallpulver für das selektive Laserschmelzen weist durch den Zustand als grobdisperses Stoffsystem [104] einen Widerstand von mehreren 100 MΩ bei wenigen Zentimetern Schichtdicke auf [100]. Im Vergleich zur kompakten Festkörperform wirken Pulverpartikel aufgrund der geringen Kontaktflächen zueinander als isolierend. Durch Reibung der Partikeloberflächen aneinander können sich allerdings elektrostatische Aufladungen in Haufwerken bilden [100].

2.3.2 Wirkprinzipien im Pulverschichtauftrag

2.3.2.1 *Prinzipien des Pulverschichtauftrags*

Die Abbildung 2.10 (links) zeigt den schematischen Aufbau für den Pulverschichtauftrag aus einem Pulverreservoir. Das Pulverreservoir ist neben dem Bauraum angeordnet. Ein linear bewegliches Hubsystem hebt das Pulver für den Pulverschichtauftrag aus dem Reservoir an [99]. Über den Hub dosiert das System die Pulverzustellung, die größer als die nominelle Schichtdicke ausfällt, um einen vollständigen Pulverauftrag über der Bauplattform sicherzustellen. Dabei ist der Zustand vom Pulver verdichtet und entspricht der Klopfdichte. Beim Schichtauftrag schiebt der Beschichter das Pulver in den Bauraum und überschüssiges Pulver in den Überlauf.

Den Aufbau für den Schichtauftrag aus einem Pulverbehälter zeigt die Abbildung 2.10 (rechts). Der Pulverbehälter ist oberhalb des Bauraums angeordnet, um die Gewichtskraft für die Zustellung des Pulvers zu nutzen.

Ein Dosiersystem befördert die notwendige Pulvermenge aus dem Behälter vor den Beschichter. Dosiersysteme bestehen beispielsweise aus einer drehende Nutwelle oder einer verschiebbaren Lochplatte. Der Zustand des Pulverhaufens ist aufgelockert und entspricht der Fülldichte. Anschließend trägt der Beschichter das Pulver im Bauraum auf und am Ende wird überschüssiges Pulver im Überlauf gesammelt. Der Beschichter und der Pulverbehälter können dabei ein gemeinsam bewegtes System bilden. Ein weiterer Pulverbehälter mit Dosiersystem versorgt das bewegte System mit Pulver. Ein stationär angeordneter Pulverbehälter wird getrennt vom Beschichter neben dem Bauraum platziert.

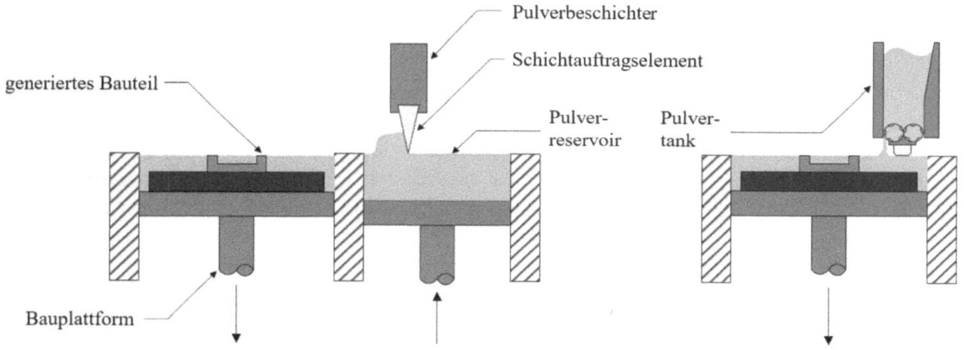

Abbildung 2.10: Schematisches Prinzip für den Pulverschichtauftrag aus einem Pulverreservoir (links) und einem Pulverbeschichter mit Pulvertank und -dosierer (rechts) nach [50]

Der Pulverschichtauftrag durch den Beschichter kann während der Hinfahrt (unidirektionaler Schichtauftrag) oder während der Hin- und Rückfahrt (bidirektionaler Schichtauftrag) erfolgen [99]. Bei dem bidirektionalen Schichtauftrag braucht der Beschichter nicht in seine Ausgangsposition zurückzukehren, sofern die beschriebenen Pulverbevorratungen beidseitig des Bauraums angeordnet sind oder, im Falle einer Lösung mit mitgeführten Pulverbehälter, es kann der bidirektionale Schichtauftrag durch ein zweiseitiges Dosiersystem mit einem Schichtauftragselement oder durch ein Dosiersystem mit zwei Schichtauftragselementen realisiert werden.

2.3.2.2 Schichtauftragselemente für den Pulverschichtauftrag

Die Abbildung 2.11 zeigt drei verschiedene Schichtauftragselemente. Unterschiede finden sich in Material, Geometrie, Auftragsverhalten und -kollisionsverhalten.

Die Elastomerklinge, Abbildung 2.11 (links), ist ein flexibles Auftragselement. Ohne Bauteile zu beschädigen, federt die Klinge elastisch über unebene Schichtflächen und überhöhte Kanten. Durch eine Rückfederung kann Metallpulver weggeschleudert werden. Inhomogene Pulverschichten sind die Folge. Der abrasive Verschleiß der Klinge kann aufgrund der geringen Festigkeit relativ hoch ausfallen und die Einsatzdauer bis zum Austausch aufgrund dessen stark verkürzt werden [99].

Abbildung 2.11: Beispielhafte Darstellung von Schichtauftragselementen: Elastomerklinge (links), Kohlenstofffaserbürste (mittig), Stahlklinge (rechts) [39]

Die Kohlenstofffaserbürste, Abbildung 2.11 (mittig), ist ebenfalls ein flexibles Auftragselement. Zwischen Stahlelementen befinden sich Kohlenstofffasern angeordnet, die über Unebenheiten und Überhöhungen gleiten. Kohlenstofffaserbürsten zeigen das Ergebnis einer gleichmäßig unebenen Pulverschicht [99].

Die Stahlklinge, Abbildung 2.11 (rechts), und die Keramikklinge sind starre Auftragselemente. Aus der hohen Steifigkeit resultiert ein präziser Pulverauftrag mit einer homogenen Pulverschicht. Dabei kann es zu Kollisionen mit aus der Pulverbettebene herausragenden Strukturen kommen [99]. Beschädigungen von Bauteilen, vom Schichtauftragssystem oder ein kompletter Prozessabbruch können mögliche Folgen sein. Unregelmäßigkeiten, wie Agglomerate und Spritzerpartikel, werden vom starren Auftragselement über die Bauraumebene hinweg transportiert und die Homogenität der Pulverschicht beeinflusst [105].

2.3.2.3 Untersuchungen im Pulverschichtauftrag

Seyda [99] zeigte in experimentellen und numerischen Untersuchungen, dass die Bauteilqualität, bestehend aus den Materialeigenschaften (Dichte, Gefüge, Festigkeit) und der Oberflächenbeschaffenheit, von den Pulvereigenschaften sowie dem laseradditiven Fertigungsprozess abhängt. Zudem geht aus den Untersuchungen hervor, dass eine ausreichende Pulvermenge für einen homogenen Pulverauftrag entscheidend ist und der Pulverauftrag in Abhängigkeit des Materials und der Geometrie des Schichtauftragselementes steht. Bei einer geringen Kontaktfläche zwischen dem Auftragselement und den Pulverpartikeln weist das Pulverbett eine höhere Packungsdichte der Partikel auf.

Die Auftragsgeschwindigkeit beeinflusst das Ergebnis des Pulverschichtauftrags maßgeblich. Geringe Geschwindigkeiten begünstigen eine hohe Packungsdichte und damit eine hohe Dichte der gefertigten Bauteile. Die Verteilung der Pulverpartikel über das Pulverbett ist in Richtung des Pulverauftrags von mehreren Faktoren bestimmt. Bei höheren Auftragsgeschwindigkeiten und einer größeren Kontaktfläche des Schichtauftragselementes werden größere Partikel weiter über das Pulverbett transportiert. Im Allgemeinen ist eine Entmischung des Pulvers während des Schichtauftrags zu beobachten. Zu Beginn des Pulverauftrags werden vornehmlich kleinere Partikel aus dem Pulverhaufwerk im Pulverbett abgelegt.

2.3.3 Fehlerbilder im PBF-LB/M-Verfahren

Der PBF-LB/M-Fertigungsprozess ist ein hochkomplexer und nur in engen Grenzen stabil ablaufender Prozess. Durch vielfältige Prozesszustände, verursacht durch das Zusammenspiel einer Vielzahl an unterschiedlichen Prozessparametern und der zeitlichen Abfolge bei der Generierung von Schmelzspuren und Schichten zur Erzeugung eines dreidimensionalen Bauteils, können systematische und zufällige Fehler auftreten, die zu lokalen Bauteildefekten und einer allgemein geminderten Bauteilqualität führen. Die Prozesszustände beeinflussen direkt die Wechselwirkung von Laser und Material sowie die thermomechanischen Mechanismen und können zu lokaler Materialverdampfung, Mikrostrukturentwicklung, Schmelzbadinstabilität und Spannungen im gefügten Material führen, die wiederum zur Bildung von oberflächlichen und internen Bauteildefekten während des Prozesses führen [114]. In Abbildung 2.12 und Tabelle 2.3 sind die häufigsten Bauteildefekte mit den Eigenschaften und möglichen bekannten Ursachenkorrelationen aufgeführt.

Pulverbettdefekte entstehen während des wiederholten Prozesses des Pulverschichtauftrags und sind einer der Hauptgründe für Defekte in PBF-gefertigten Bauteilen. Inhomogenitäten, im allgemeinen Erhöhungen und Vertiefungen im Pulverbett bzw. der Pulverschicht, können zu defektbehafteten Schichten in Bauteilen führen (siehe Abbildung 2.4). Bei Untersuchungen wurden Gasporen und Anbindungsfehler (Lunker, Lack-of-Fusion (LOF)) in Bereichen nachgewiesen, die während der Fertigung ein uneinheitliches Pulverbett aufwiesen, wodurch die relative Volumenenergiedichte beim Schmelzvorgang zu hoch oder zu niedrig ausfällt.

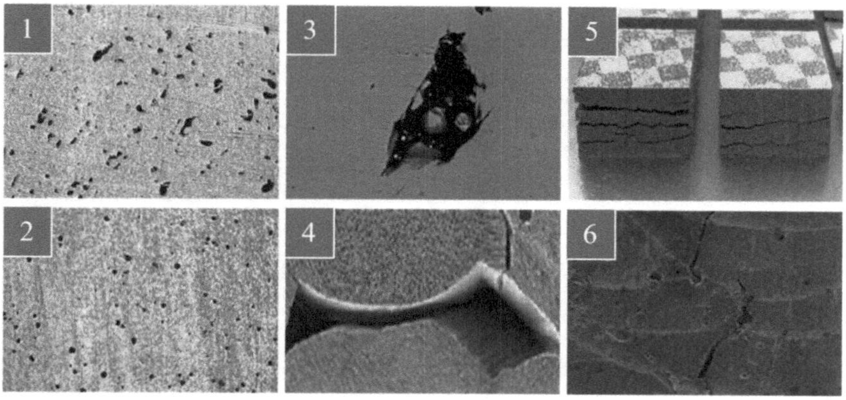

Abbildung 2.12: Häufige Bauteildefekte im PBF-LB/M-Verfahren. 1) und 2): Porenbildung [55], 3) und 4): Anbindungsfehler [75, 87], 5) und 6): Rissbildung [65, 69]

Untersuchungen von Bayat et al. [10] und DePond et al. [27] zeigten kaskadierende Gasporen und LOF-Defekten, deren Fehlerbilder im Schichtauftrag ursächlich waren [27]. Ein unregelmäßiges Pulverbett kann darüber hinaus zu geometrischen Auffälligkeiten in den Belichtungsflächen führen, die das Schichtauftragselement über die aktuelle Schicht hinausgehend für alle nachfolgenden Schichten deformieren, verschleißen oder beschädigen [85]. Der resultierende Fehler pflanzt sich fort. In Abbildung 2.13 wird anhand eines stark inhomogenen Pulverbetts verdeutlicht, welchen Einfluss die Pulverbettstruktur auf das Bauteil haben kann.

Tabelle 2.3: Beschreibung der häufigsten Bauteildefekte im PBF-LB/M-Verfahren

Bauteildefekt	Beschreibung	Lokalisation im Bauteil	Charakteristische Größenordnung	Charakteristische Form und /oder-Orientierung	Möglicher ursächlicher Grund
Gasporen	Mit Gas gefüllte, kugelförmige Hohlräume innerhalb des gedruckten, verfestigten Materials	Im gedruckten Material, oftmals vermehrt nah zur Oberfläche	0-500 µm	sphärisch	Lokale Überhitzung (hot spot) im Schmelzbad mit Verdampfung von Legierungsanteilen durch: zu hohe Energiedichte, Schmelzbadfluktuation, Kollaps eines Keyholes, zu geringe Pulverschichtdicke, kleine Pulverpartikel, Wärmeakkumulation, Pulverschichtauftrag inhomogen/unvollständig
Lack-of-Fusion-Poren	Unregelmäßig geformte Poren, zum Teil mit ungeschmolzenem Pulver gefüllt	Im gedruckten Material, oftmals zwischen Schichten	0-1000 µm	Parallel zu den Schmelzspuren der Vektoren ausgerichtet	Lokale Unterhitzung (cold spot) im Schmelzbad mit unvollständiger Aufschmelzung durch: zu geringe Energiedichte, Schmelzbadfluktuation, hohe Pulverschichtdicke, große Pulverpartikel, Verunreinigungen, Pulverschichtauftrag inhomogen/unvollständig
Risse	Flache und scharf/spitz ausgeprägte Defekte, die sich vornehmlich negativ auf die mechanischen Eigenschaften auswirken	Abrupte Querschnittsänderungen, plötzliche Veränderungen im thermischen Verhalten	0-10 mm	beliebig	Zu Erstarrungsrissen neigende Werkstoffe, thermische Eigenspannungen
Verzug	Aufweichung der Ist- von der Sollgeometrie durch Verformung	In Teilbereichen oder die Gesamtheit der Bauteilgeometrie betreffend	10-400 mm	Abhängig von Design, Geometrie und Ausrichtung des Bauteils sowie der Auslegung der Supports	Thermischen Gradienten während des Druckprozesses induzieren Spannungen, die je nach Teilegeometrie zu erheblichen Verformungen führen können, Unzureichende Supportanbindung, Supportversagen, Schichtversatz
Rauheit und Welligkeit	Abweichungen in der Oberfläche, die eine geringere Güte durch hohe Rauheit, stark aufgeprägte Welligkeit oder lokale Versätze aufweist	Gesamte Bauteiloberfläche	beliebig	Treppenstufeneffekt in Aufbaurichtung, Up- und Downskin, Anbindungen von Supportstrukturen	Pulverbettqualität, Pulverbett-Kontamination mit Spritzern und Schmauch, lokaler Hitzestau, Pulverschichtdicke, Pulverschichtauftrag inhomogen/unvollständig

Pulverbettdefekte haben gemein, dass sie sich durch eine lokale Abweichung von der eingestellten Schichtstärke auszeichnen. Aus diesem Grund ist die Erfassung der Beschaffenheit des gesamten Pulverbetts in jeder einzelnen Schicht im PBF-LB/M-Fertigungsprozess eine wichtige Voraussetzung für ein potentielles In-situ-Überwachungssystems [85].

Abbildung 2.13: Pulverbettdefekte (links) und die Auswirkungen auf das gefertigte Bauteil (rechts) [26]

Die häufigsten Fehlerbilder im Pulverbett, die unter anderem ursächlich für die Defektbildung in Bauteilen sind und in dieser Arbeit betrachtet werden, sind in Unterabschnitt 4.2.2 beschrieben.

2.4 In-situ-Prozessüberwachung

Die mangelnde Reproduzierbarkeit im PBF-LB/M-Verfahren macht eine geeignete Qualitätssicherung unerlässlich. In vielen Fällen sind nach dem Fertigungsprozess weitere Qualitätssicherungsschritte mittels zerstörender Prüfverfahren (z. B. Ermüdungs- und Dichtemessungen an Bauteilen oder Fertigungsbegleitproben) oder zerstörungsfreier Prüfverfahren (z. B. Mikrocomputertomographie) nötig [2, 15, 108]. Dies kann die Fertigungskosten von additiv hergestellten Bauteilen und die Fertigungsdurchlaufzeit erheblich erhöhen. Jedoch bietet das schichtweise Fertigungsprinzip des PBF-LB/M-Verfahrens die einzigartige Möglichkeit, den Fertigungsprozess zu jedem Zeitpunkt im Detail zu überwachen.

Dies kann beispielsweise durch die Überwachung der Bauebene im Pulverbett (z. B. Topographie, Temperatur, elektrische Leitfähigkeit), der Überwachung des Schmelzbads (Prozessemissionen, Temperatur, Verhalten) oder der Akustik (z. B. Schallemissionen in der Baukammer, Körperschall der Bauteile) geschehen.

Die Möglichkeiten der Einflussnahme der Vielzahl an Prozessparametern auf den Prozesszustand sind im Zusammenspiel so vielfältig wie die Möglichkeiten der Methoden zur Prozessüberwachung. Daher gilt es den Prozess bestmöglich zu erfassen und zu überwachen, um die Einflüsse der unterschiedlichen Parameter zu analysieren und in Zukunft effiziente Messtechniklösungen zur direkten Bestimmung der Bauteilqualität während des Herstellungsprozesses zu entwickeln [45].

Grasso et al. [57] haben aktuelle In-situ-Messmethoden, die im PBF-Verfahren von Metallen zum Einsatz kommen, zusammengetragen, kategorisiert und bezüglich der Defekterkennungsmöglichkeiten analysiert. Die Methoden wurden hinsichtlich der Art der verarbeiteten Informationen sowie der zeitlichen und räumlichen Größenordnung der Messungen in fünf Level eingeteilt, die in Abbildung 2.14 dargestellt sind. Die Überwachung großer, zusammenhängender Flächen, also des Pulverbetts und der Belichtungsflächen, wird in den meisten Fällen mit Methoden des ersten Levels erreicht.

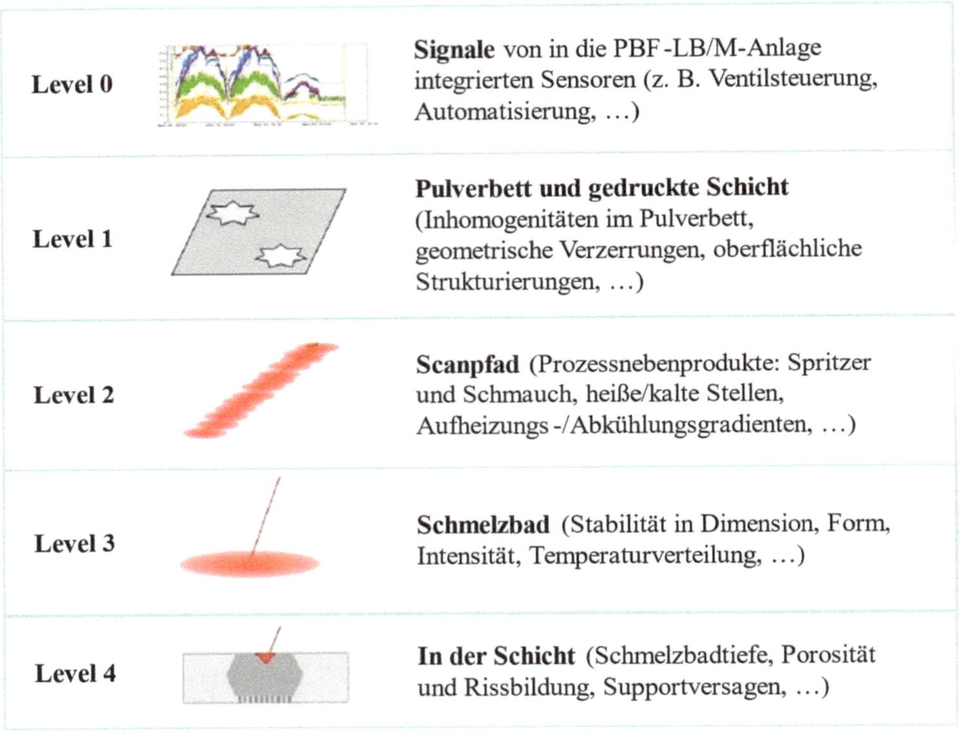

Abbildung 2.14: Fünf Level der In-situ-Überwachung in PBF/M-Prozessen nach [57]

2.4.1 Messtechnik und -prinzipien

Während in der Forschung eine Vielzahl an weiteren Ansätzen zur Prozessüberwachung beleuchtet werden, die einen Mehrwert in tiefgründigerem Verständnis des Prozessgeschehens offerieren, jedoch zum Teil technologisch weder skalierbar und in die Anwendung übertragbar sind, sind in Tabelle 2.4 die aktuell verfolgten technologischen Ansätze für die In-situ-Prozessüberwachung aufgeführt. Dabei wird eine grobe Einschätzung zur Detektierbarkeit der unterschiedlichen Prozessinstabilitäten und Bauteildefekte, die es zu erfassen gilt, gegeben. Dabei wird das Messverfahren Streifenlichtprojektion, das in dieser Arbeit zum Einsatz kommt, farblich hervorgehoben.

Tabelle 2.4: Übersicht der prioritären Sensortechnologien in der In-situ-Prozessüberwachung

Sensortechnologie für die In-situ-Prozessüberwachung	Anordnung Sensor		Zu detektierende Prozessinstabilitäten und Bauteildefekte						
	On-axis (koaxial im Strahlengang des Prozesslasers)	Off-axis (Baukammer)	Deformation (exponiert) und Pulverfehlzustellung	Schmelzbademissionen	Größe und Form (Dynamik) des Schmelzbads	Geometrie und Kontur der der Bauteile (Belichtungsflächen)	Topographie von Pulverbett und Bauteilen (Belichtungsflächen)	Porosität (Gasporen, unvollständige Verschmelzung)	Rissbildung und Delamination (spannungsinduziert)
Lasertriangulation	/	✓	++	--	--	++	++	0	--
Interferometrie	/	✓	++	--	--	++	+	0	-
Konventionelle Kamera	X	✓	+	-	--	+	-	--	--
Kontaktbildsensor (CIS)	/	✓	++	--	--	++	+	-	--
Linienscanner	/	✓	++	--	--	++	+	-	-
Photodiode	X	✓	--	+	--	--	--	-	-
Photodiode	✓	X	--	++	--	--	--	0	-
Pyrometrie	✓	X	--	++	--	--	--	0	-
Streifenlichtprojektion	X	✓	++	--	--	++	++	0	-
Thermographie	X	✓	-	+	--	-	--	-	-
Thermographie	✓	X	-	++	+	--	--	0	-
Akustischer Sensor	X	✓	--	--	--	--	--	-	+
Wirbelstrom	/	✓	+	--	--	++	0	++	+

Tabelle 2.5 enthält eine Übersicht der am Markt verfügbaren, kommerziellen Messsysteme, die von den Anlagenherstellern für das eigene PBF-LB/M-Anlagenportfolio oder von Drittanbietern, meist anlagen- und herstellerunabhängig, angeboten werden.

Tabelle 2.5: Übersicht an kommerzieller Messtechnik für das PBF-LB/M-Verfahren

Anlagen- / Messtechnikhersteller	Verwendete Sensortechnologie
Eddy Current – AMiquam SA	Elektromagnetische Prüfung – Wirbelstromsensorarray (off-axis)
Project Fringe – Phase3D Inc.	Pulverbettüberwachung – Streifenlichtprojektion (off-axis)
EOSTATE – EOS GmbH	Schmelzbadüberwachung –Photodiode(n) (on-axis/off-axis) Optische Tomographie – CMOS / IR-Kamera (off-axis) Schattenfall – CCD-Kamera (off-axis)
AMiRIS – Additive Assurance Inc.	Pulverbettüberwachung – CMOS-Kameras (off-axis) Optische Tomographie – CMOS-Kameras (NIR) (off-axis) Schmelzbadüberwachung – CMOS-Kameras (NIR) (off-axis)
ADDIGURU – ADDIGURU Llc.	Pulverbettüberwachung – konventionelle Kamera (off-axis) Optische Tomographie – CMOS-Kamera (NIR) (off-axis) Thermographie – IR-Kamera (off-axis)
FAST M3k. – Telops Inc.	Thermographie – IR-Hochgeschwindigkeitskamera (off-axis)
DMP Monitoring – 3D Systems Inc.	Pulverbettüberwachung – konventionelle Kamera (off-axis) Schmelzbadüberwachung –off-axis Photodioden
QM / MSPC – Colibrium Additive Inc.	Pulverbettüberwachung – konventionelle Kamera (off-axis) Schmelzbadüberwachung –on-axis Photodiode + on-axis Kamera
InfiniAM – Renishaw plc	Pulverbettüberwachung – konventionelle Kamera (off-axis) Schmelzbadüberwachung –on-axis Photodioden Akustische Überwachung – Hochfrequenzsensoren (off-axis)
SLM.Quality – Nikon SLM Solutions AG	Pulverbettüberwachung – konventionelle Kamera (off-axis) Schmelzbadüberwachung –on-axis Photodioden
Trumpf Monitoring – TRUMPF SE & Co. KG	Pulverbettüberwachung – konventionelle Kamera (off-axis) Schmelzbadüberwachung –on-axis Photodioden
Assure – Velo3D Inc.	Pulverbettüberwachung – Streifenlichtprojektion (off-axis) Schmelzbadüberwachung –on-axis Photodiode
ProcessMonitoring – Aconity3D GmbH	Schmelzbadüberwachung – Mikrobolometer (on-axis) Schmelzbadüberwachung – Pyrometer (on-axis) Schmelzbadüberwachung – CMOS-Kamera (on-axis)
AM In-process – EOS GmbH/ Carl Zeiss AG	Pulverbettüberwachung – CMOS-Kameras (off-axis)

Wie aus Tabelle 2.5 deutlich wird, werden von der überwiegenden Anzahl an PBF-LB/M-Anlagenherstellern sowie Drittanbietern Messsysteme zur Überwachung des Pulverbetts angeboten. Nur ein geringer Anteil davon bietet die Möglichkeit der dreidimensionalen Erfassung des Pulverbetts. Der überwiegende Anteil der Pulverbettüberwachungssysteme sind optische, kamerabasierte Lösungen zur 2D-Bilderfassung. Wissenschaftliche Arbeiten (siehe Tabelle 2.6), die sich mit den Auswirkungen von Schichtauftragsfehlern auf Basis von 2D-Aufnahmen befassen, nutzen in der Regel eine gerichtete Beleuchtung aus, um den Schattenwurf von oberflächlichen Defekten des Pulverbetts (siehe Abschnitt 2.4.2.1) sichtbar und damit für die Kameras erfassbar zu machen.

Tabelle 2.6: Wissenschaftliche Arbeiten zur 2D-Pulverbetterfassung mittels Kameras und gerichteter Beleuchtung

Wissenschaftliche Arbeit	Grundlegende Forschungsfrage	Material	Berücksichtigte Fehler beim Pulverschichtauftrag	Beleuchtung	Verwendete(r) Sensor(en) und Auflösung
[49]	Überprüfung möglicher Defekt- und Fehlerquellen in PBF-LB/M und Entwicklung einer optischen, schichtbasierten In-Prozess-Überwachungsstrategie	nicht spezifiziert	Rattermarken, Streifenbildung, Überhöhungen, Beschädigungen des Schichtauftragselements, unvollständiger Schichtauftrag	Mehrere in der Baukammer verteilte Lichtblitzmodule	DSLR-Kamera mit einer Auflösung von 36,3 MP und Näherungssensor für Fokussierung, lateral: 50 µm/pixel
[98]	In-situ Überwachung und -Analyse von Pulverbettbildern mit Schwerpunkt auf der Entwicklung eines Echtzeit-Kontrollsystems	Ti-6Al–4V, AlSi10Mg, Inconel 718, 316L, 17-4, Bronze	Rattermarken, Streifenbildung, Schmutz, Überhöhungen, Versagen von Teilen und Supports, unvollständiger Schichtauftrag	Einzelne Reihe weißer LEDs auf einer Seite der Baukammer	Standard-Kamera (Maschinenstandard), lateral: 290-340 µm/pixel
[59]	Die Auswirkung von Prozessbedingungen auf die Porosität von Teilen beim PBF-LB/M verstehen und das Auftreten von Prozessbedingungen, die zu Porosität führen, anhand von Sensordaten im Prozess erkennen	Ti-6Al–4V, Wolframlegierung	Verunreinigungen und Abweichungen in den Partikelverteilungen	Kammerlicht und Blitzlichtkonfiguration (Hellfeldlichtbilder werden analysiert)	DSLR (Nikon D800) mit Näherungssensor zur Erkennung der Position des Beschichters
[97]	Autonome Erkennung und Klassifizierung von Ausbreitungsanomalien auf der Grundlage eines CNN-Klassifikators, um den Bedarf an vom Menschen entwickelten Heuristiken und Filtern zu eliminieren	Ti-6Al–4V, AlSi10Mg, Inconel 718, 316L, 17-4, Bronze	Rattermarken, Streifenbildung, Schmutz, Überhöhungen, Versagen von Teilen und Supports, unvollständiger Schichtauftrag	Einzelne Reihe weißer LEDs auf einer Seite der Baukammer	Standard-Kamera (Maschinenstandard), lateral: 290-340 µm/pixel

2.4.2 Topographische Pulverbetterfassung in 3D

Für die topographische Erfassung des Pulverbetts stehen unterschiedliche Messmethoden zu Auswahl, die sich hinsichtlich der Messauflösung, der Geschwindigkeit als auch der Eignung im industriellen Umfeld des PBF-LB/M-Verfahrens unterscheiden. Eine abschließende Gegenüberstellung ist Tabelle 2.7 zu entnehmen.

2.4.2.1 *Schattenwurf*

Die Prozessüberwachung mit hochauflösenden CMOS-Kameras [26, 67, 120] wird in vielen PBF-LB/M-Anlagen aufgrund einfacher Installation und des Messprinzips eingesetzt (siehe Tabelle 2.5). Dabei werden die Kameras oftmals außerhalb der Baukammer (off-axis) oder in den Strahlengang winkelversetzt eingekoppelt (on-axis) angeordnet. Eine Beleuchtung mit mehreren strukturierten oder diffusen Lichtquellen aus verschiedenen Richtungen ist bei den meisten dieser Messverfahren erforderlich, um die Topographie und damit auch Defekte des Pulverbetts anhand des Schattenwurfs sichtbar und detektierbar zu bekommen [26]. Caltanissetta et al. [23] demonstrieren zudem, dass die Ausleuchtungsbedingungen signifikanten Einfluss auf die Bildverarbeitung sowie die Sensitivität haben. Die Höheninformation liegt nur als qualitative Information ohne Vorzeichen, anhand der Unschärfe in der Aufnahme, vor.

2.4.2.2 *Fokusvariation*

Die Fokusvariation ist eine Methode, um bei Optiken mit limitierter Schärfentiefe ein Bild mit voller Schärfentiefe und 3D-Information des Objektes zu gewinnen. Die Fokus-Variation ist ein flächenbasiertes Verfahren zur optischen, hochauflösenden 3D-Oberflächenmessung im Mikro- und Nanobereich [92]. Die Methode wird auch mit aktiver Beleuchtung kombiniert, um auch oberflächlich strukturarme Flächen, beispielsweise die Topographie eines Pulverbetts, zu vermessen. Die Fokusvariation wird in der Norm DIN EN ISO 25178-2 [35] als eine mögliche Methode zur Messung der Oberflächenrauheit beschrieben. Anwendungsbezogene Einschränkungen weist die Methode insbesondere hinsichtlich der Messdauer auf, die für die Variation des Fokus benötigt wird.

2.4.2.3 *Interferometrie*

Das Funktionsprinzip beruht auf der Interferenz bei geringer Kohärenz. Ein Laserstrahl wird durch einen Strahlteiler in zwei Strahlen geteilt. Einer der Strahlen wird durch den Spiegel reflektiert und dient als Referenzstrahl, der andere Strahl zerstreut sich an der Messoberfläche und wird rückreflektiert. Das Interferenzmuster ergibt sich, wenn der Abstand zwischen Referenzspiegel und Strahlteiler mit dem Abstand zwischen Messoberfläche und Strahlteiler gleich ist. Die Messung erfolgt durch einen Rasterscan, d. h. die Messdauer hängt stark von der Größe der zu messenden Oberfläche ab. Die vertikale Auflösung wird von der Kohärenzlänge der Laserquelle und die laterale Auflösung vom Laserdurchmesser und der Rastereinheit begrenzt [57]. Im PBF-LB/M-Prozess wurden Interferometer zur Pulverbetterfassung on-axis im Strahlengang des Prozesslasers angeordnet, um die bereits vorhandene Spiegelkinematik des Scanners für den Rasterscan zu nutzen.

2.4.2.4 *Zeilenkamera*

Als Zeilenkamera bezeichnet man einen Kameratyp, der nur eine lichtempfindliche Zeile (Zeilensensor) aufweist (siehe Abbildung 2.15). Obwohl Zeilensensoren in etwa die gleichen Pixelgrößen aufweisen wie Flächensensoren, kann die Zeilenlänge deutlich größer ausfallen. Anstelle der maximalen Dimensionen von 1.000 bis 4.000 Pixel bei Flächensensoren kann eine Zeilenkamera mehr als 17.000 Pixel aufnehmen. Folglich liefert eine Zeilenkamera bei demselben vorgegebenem Objektfeld eine höhere räumliche Auflösung. Darüber hinaus lassen sich Informationen zeilenweise mit höherer Geschwindigkeit auslesen.

Allerdings muss durch die meist wesentlich höheren Taktraten (10 bis 400 kHz) und der damit kürzeren Belichtungszeit gegenüber einer Flächenkamera, auch eine im Vergleich deutlich intensivere Ausleuchtung vorhanden sein [90]. In Bezug auf den Einsatz im PBF-LB/M-Verfahren ist eine Zeilenkamera, angeordnet auf und bewegt durch den Pulverbeschichter, denkbar. Hierbei müssen allerdings der Antrieb des Beschichters und der Taktgeber eine hohe Genauigkeit aufweisen und synchronisiert werden, um die Kamera an äquidistanten Punkten auszulösen und damit ein verzerrungsfreies Abbild der Oberfläche zu erhalten. Die Höheninformation liegt nur als qualitative Information ohne Vorzeichen, anhand der Unschärfe in der Aufnahme, vor.

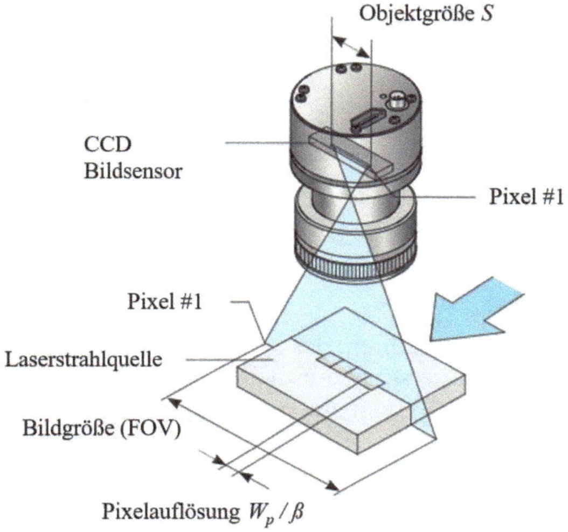

Abbildung 2.15: Funktionsprinzip einer Zeilenkamera nach [93]

2.4.2.5 *Linienscanner*

Tan Phuc et al. [88] entwickelten einen am Beschichter montierten Linienscanner (siehe Abbildung 2.16), bestehend aus einem Kontaktbildsensor eines Flachbettdokumentenscanners. Das System war in der Lage, die Oberfläche des Pulverbetts mit einer Auflösung von bis zu 5 µm × 5 µm pro Pixel zu erfassen. Dabei ließen sich Höhenunterschiede nur anhand der Unschärfe im Bild erfassen. Durch den Grad der Unschärfe konnte auf den Betrag geschlossen werden, den die Schichtstärke an der jeweiligen Stelle abweicht. Dabei konnte jedoch nicht auf das Vorzeichen in der räumlichen Richtung geschlossen werden.

Weitere Ergebnisse mit einer Linienkamera konnten Fischer et al. [46] erzielen, indem sie mittels eines Spiegels weitere Möglichkeiten für die Positionierung der Kamera am Beschichter erlangten. Der von ihnen entwickelte Aufbau war in der Lage, eine 98 mm breite Fläche mit einer Geschwindigkeit von 100 mm/s während der Rückfahrt des Beschichters zu erfassen. In den erfassten Bildern konnten Merkmale mit einer Mindestgröße von 12 bis 14 µm erkannt werden. Während bei ersten Versuchen ausschließlich diffuses Licht verwendet wurde, erweiterten die Autoren die Anlage in einem späteren Experiment um eine Vorrichtung für eine koaxiale Beleuchtung und für Dunkelfeldaufnahmen. In der Auswertung mittels Machine Learning (ML) konnten alle gängigen Pulverbettdefekte mit hoher Genauigkeit (> 97 %) identifiziert und unterschieden werden [47].

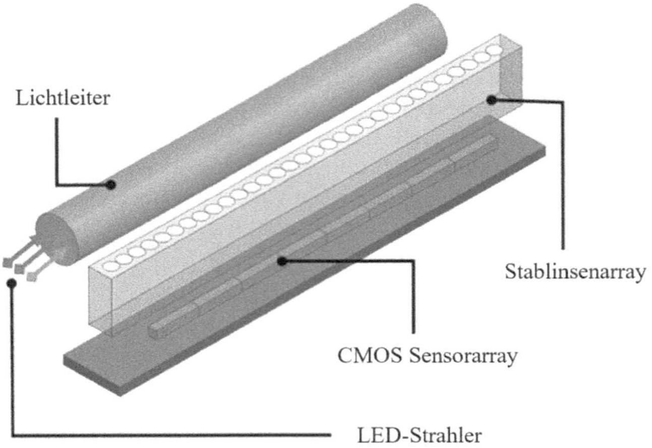

Abbildung 2.16: Aufbau eines Kontaktbildsensorarrays als Linienscanner nach [24]

2.4.2.6 *Laserprofilometrie*

Laserprofilometrie ist ein Messverfahren, dessen Funktionsprinzip auf der Lasertriangulation basiert. Dabei wird ein Laserstrahl auf die Messoberfläche projiziert (siehe Abbildung 2.17). Die Messachse verläuft winkelversetzt zur Laserstrahlachse (off-axis Anordnung). Die Lichtmengenverteilung des reflektierten Strahls wird in vielen Fällen auf einen CCD-Sensor abgebildet. Der CCD-Sensor detektiert das Pixel mit dem höchsten Wert, dass der Laserstrahlemission der Oberfläche (Rückreflexion in Richtung des CCD-Sensors) entspricht. Der Höhenunterschied der Messoberfläche führt zur Verschiebung des detektierten Pixels im Sensor [53]. Die Verwendung von Laserprofilometrie zur Überwachung des Pulverbetts während des Bauprozesses wird in den Arbeiten von Barret et al. [8] und Erler et al. [44] thematisiert.

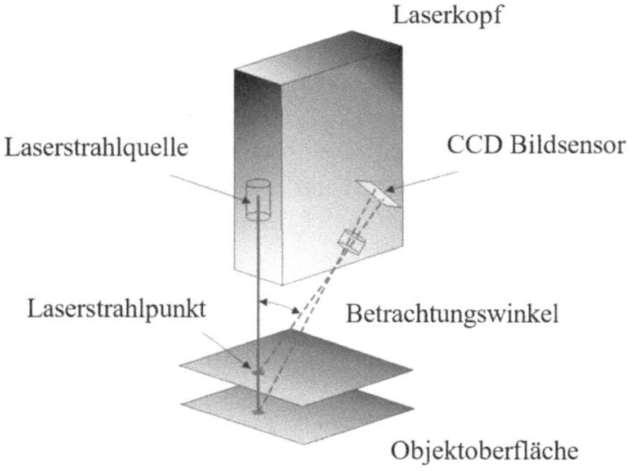

Abbildung 2.17: Messprinzip der Laserprofilometrie nach [53]

2.4.2.7 *Streifenlichtprojektion (SLP)*

Streifenlichtprojektion basiert auf dem Prinzip der Triangulation unter Verwendung der Projektion eines Streifenlichtmusters auf das zu messende Objekt (siehe Abbildung 2.18). Das Messsystem besteht aus einem Laserprojektor und einer oder mehreren Kameras, deren zentrale optische Achsen sich in einem gemeinsamen Field-of-View, meist in der Mitte der Projektion, schneiden. Der Streifenprojektor projiziert eine Abfolge verschiedener Streifenmuster aus Laserlicht auf die Oberfläche des zu vermessenden Objektes. Die Verzerrung der bekannten Streifenmuster an der dreidimensionalen Oberfläche wird durch die Kameras erfasst. Aus der Abweichung der Aufnahme zum unverzerrten Muster lässt sich die Tiefeninformation der Oberfläche ermitteln. Die grundsätzliche Eignung des Messverfahrens wurde in Untersuchungen von Land et al. [72] und Zhang et al. [117] festgestellt.

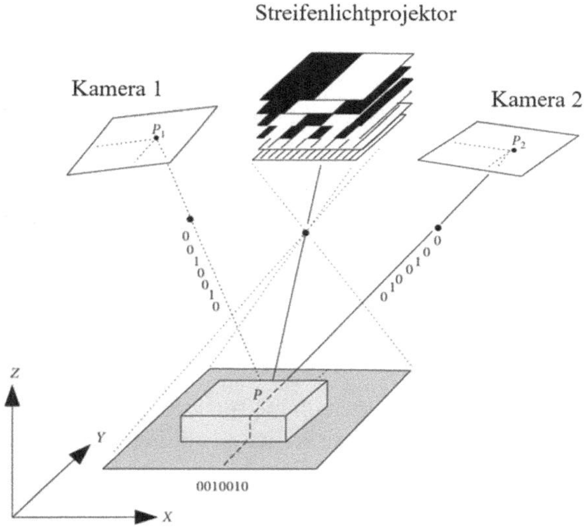

Abbildung 2.18: Stereoskopischer Messaufbau der Streifenlichtprojektion nach [56]

O'Dowd et al. [84] beobachteten, wie sich gezielt erzeugte Defekte im Pulverbett auf die Messungen auswirken, wenn bestimmte Parameter der Streifenlichtprojektion angepasst werden. Untersuchte Parameter waren hierbei der Beleuchtungswinkel, das Beleuchtungsmuster und die Anzahl der Belichtungen. Um die Defekte im Pulverbett zu erzeugen, wurden Kerben von 225 bis 470 µm Breite und 20 bis 205 µm Tiefe in dem schichtauftragenden Element erzeugt. Als Referenzfläche wurde für die In-situ-Messungen im Innenraum einer PBF-LB/M-Anlage die Bauplattform und die Bauplattform mit einer einheitlichen Pulverreferenzschicht verwendet. Die Autoren kamen zu dem Ergebnis, dass der Beleuchtungswinkel Theta > 25° einnehmen sollte, um fehlerhafte spiegelnde Artefakte im Pulverbett zu verhindern. Bei kleineren Winkeln war außerdem der Streifenkontrast deutlich geringer als bei 45° und 60°, was zu stärkerem Pixelintensitätsrauschen geführt hat.

Dickins et al. [28] verglichen zwei SLP-Systeme, von denen ein System eine einzelne Kamera und das zweite System insgesamt vier Kameras verwendete. Das System mit mehreren Kameras konnte einen größeren Bereich des Objekts abdecken und gleichzeitig eine höhere Messpunktedichte erreichen.

Außerdem fiel die Genauigkeit der Messungen höher aus, mit einer durchschnittlichen Reduzierung der Punkt-zu-Punkt Abweichung um 16 µm. Die Messpunktedichte war schließlich 3,5-mal höher als bei einer einzelnen Kamera. Während die Genauigkeit bei mehreren Kameras höher war, wiesen die Datensätze gleichzeitig ein größeres Konfidenzintervall auf, was auf eine niedrigere Präzision schließen lässt.

Zhang et al. [119] haben Verbesserungsmöglichkeiten der SLP für die In-situ-Überwachung im PBF-LB/M- Prozesses betrachtet. Über ein lokalisiertes Sensormodell wurde für jedes Pixel ein lokaler Korrekturfaktor berechnet, um die allgemeine Messgenauigkeit zu erhöhen. Die Messergebnisse wurden ex-situ mittels 3D-Profilometrie überprüft, wobei zwischen den Ergebnissen der Verfahren eine Abweichung von 15,7 % auf ca. 4 % gesenkt wurde. Erreicht wurden, neben der höheren Präzision, auch ein robusteres System und ein größeres Sichtfeld bei vergleichsweise hoher Auflösung. Das entwickelte Framework soll zur Entwicklung von Closed-loop-Regelungen im selektiven Laserschmelzen beitragen.

2.4.2.8 Vergleich von Messverfahren für die topographische Pulverbettüberwachung in 3D

Die vorgestellten Messverfahren in der topographischen Erfassung des Pulverbetts bieten unterschiedliche Vorteile und Nachteile in Bezug auf die Verwendung für eine Qualitätssicherung in der PBF-LB/M-Fertigung. Auch wenn sich die Verfahren in den erreichbaren Auflösungen zum Teil deutlich unterscheiden, so bieten sie eine ausreichend hohe Auflösung für die Erfassung der prioritären Fehler im Pulverbett, die Prozessinstabilitäten und mitunter Verschleiß von beteiligten Komponenten widerspiegeln, aber auch ursächlich für kritische Bauteildefekte seien können.

Neben der technischen Eignung spielen auch die Integrierbarkeit in die Anlagenarchitektur und in den Produktionsablauf, eine zusätzlich benötigte Messzeit, die Kosten für die Messtechnik und die allgemeine Skalierbarkeit der Systemlösung, entscheidende Faktoren. In Bezug auf die Integrierbarkeit ist die Einbausituation von entscheidender Bedeutung. Messtechnik, die aufgrund des Arbeitsabstandes oder des Verfahrensprinzips auf dem Beschichter (z. B. Profilometer) oder im Strahlengang des Prozesslasers (z. B. Interferometer) angeordnet werden müssen, stellen aufwendige und meist kostspielige Lösungen dar. Zudem werden von diesen Messverfahren oftmals nur Teilbereiche des Pulverbetts verfasst.

In Bezug auf die Integrierbarkeit ist zudem zeitlich gesehen die prozessparallele Ausführung der Messung ohne zusätzliche Messzeit von entscheidender Bedeutung. Jedes Messverfahren, das eine zusätzliche Messzeit benötigt und damit zu einer Verlangsamung des Prozessablaufes und damit der Reduktion der Produktivität führt, ist für die Anwendung im kostengetriebenen PBF-LB/M-Verfahren nicht von hohem Interesse. Dementsprechend sind Messverfahren für die Qualitätssicherung, die systemisch bedingt mit hohen initialen Kosten verbunden sind, ebenfalls von nachrangigem Interesse.

Zuletzt spielt auch der aktuelle Trend in der Entwicklung von PBF-LB/M-Anlagen zu deutlich größeren Bauräumen (Dimensionen des Pulverbetts, dass es zu erfassen/überwachen gilt) und Mehrlasersystemen eine wichtige Rolle. Nur Messverfahren, die auf einfache Weise in den Abmessungen des Field-of-View skaliert werden können, dabei nicht durch die Anzahl der verwendeten Prozesslaser gebunden oder beeinflusst werden und damit den allgemeinen Entwicklungstrends am Markt folgen können, werden perspektivisch eine Zukunft für die Qualitätskontrolle im selektiven Laserschmelzen haben.

Unter Berücksichtigung dieser Aspekte wurde in Tabelle 2.7 eine Gegenüberstellung der in Frage kommenden Messverfahren zusammengefasst. Während der überwiegende Anteil an Messverfahren in unterschiedlichen Aspekten zum Teil starke Einschränkungen aufweist, die eine Verwendung für den angedachten Zweck unvorteilhaft erscheinen lässt, weist die Streifenlichtprojektion diese Einschränkungen nicht auf. Das Messverfahren stellt einen validen Kompromiss aller Aspekte dar, ohne gravierenden Einschränkungen zu unterliegen.

Tabelle 2.7: Vergleich von optischen Messverfahren für die topographische Pulverbettüberwachung in 3D

Messverfahren	3D-Erfassung	laterale Auflösung	Tiefenauflösung	Benötigte Messdauer	Prozessparallele Messung	PBF-LB/M-Anlagenintegration	Kosten
Schattenwurf	nur qualitativ	++	0	++	++	+++	+++
Fokusvariation	quantitativ	++	+++	--	--	++	+++
Interferometrie	quantitativ	+++	+++	-	---	---	---
Zeilenkamera	nur qualitativ	++	+	+	++	-	0
Linienscanner	nur qualitativ	+++	+	+	++	0	+
Laserprofilometrie	quantitativ	+++	+++	0	-	--	--
Streifenlichtprojektion	quantitativ	++	++	++	+++	++	++

Für die Ausarbeitung dieser Forschungsarbeit wurde daher das Verfahren der Streifenlichtprojektion für die Erfassung und Auswertung der Pulverbettqualität gewählt. Eine Potenzialanalyse der Streifenlichtprojektion in Kapitel 6 wird die Vor- und Nachteile im Detail beleuchten und den Vergleich in Tabelle 2.7 validieren.

3 Forschungsbedarf und methodische Herangehensweise

Innerhalb dieses Kapitels wird aus dem Stand der Technik der noch bestehende Forschungsbedarf abgeleitet und anhand des Lösungswegs die methodische Herangehensweise beschrieben, wie mit dieser Forschungsarbeit die vorhandene Lücke geschlossen werden soll. Dabei unterteilen sich die Abschnitte in

- den benötigten Messsystemaufbau für die allgemeine Qualitätsprüfung des Pulverbetts,
- die Entwicklung einer Bildverarbeitung und Auswertemethodik zur Charakterisierung der Pulverbettqualität und von Schichtauftragsfehlern,
- die Untersuchung des Einflusses der prioritären Prozessparameter im Pulverschichtauftrag auf die Pulverbettqualität,
- sowie die Übertragbarkeit der entwickelten Gesamtlösung in den industriellen Maßstab im Rahmen einer Potenzialanalyse.

3.1 Messsystemaufbau für die Qualitätsprüfung des Pulverbetts

Ausgehend von dem Vergleich der Messverfahren in Tabelle 2.7 wurde die Streifenlichtprojektion als potentiell aussichtsreichstes Messverfahren identifiziert. Zum Zeitpunkt der Erstellung dieser Forschungsarbeit war kein Messsystem am Markt erhältlich, welches für die Pulverbettüberwachung im PBF-LB/M-Verfahren zum Einsatz hätte gebracht werden können. Daher wird ein Messystem für die Streifenlichtprojektion entwickelt, welches erstmals eine hochauflösende Erfassung von lateral mindestes 100 µm × 100 µm des gesamten Pulverbetts einer PBF-LB/M-Anlage ermöglicht. Aufgrund der Freiheitsgrade in der Systemzugänglichkeit und der Programmierung wird hierfür die PBF-LB/M-Forschungsanlage AconityLAB vom Hersteller Aconity3D GmbH gewählt, die eine einfache optische Zugänglichkeit in die Baukammer durch eine Integration des Messystems auf dem entnehmbaren Baukammerdeckel ermöglicht.

Da eine vollfaktorielle Untersuchung der Pulverbettqualität, im Schichtauftrag mittels unterschiedlicher Auftragsprinzipien, jedoch nur herstellerunabhängig und anlagenunabhängig erfolgen kann, bedarf es eines für die Aufgabe geeigneten Pulverbettprüfstands. Mit der Entwicklung besagten Pulverbettprüfstands wird gewährleistet, unterschiedliche Auftragsprinzipien, Auftragselemente und Pulverzustellungen unter vergleichbaren Bedingungen auf einem System abzubilden und das resultierende Pulverbett mit der Streifenlichtprojektion zu vermessen. Zudem werden mit dem Prüfstand aktuelle Limitationen von PBF-LB/M-Anlagentechnik in Bezug auf die Auftragsgeschwindigkeit aufgehoben, um die Auswirkungen auch in höheren und damit produktiveren Auftragsgeschwindigkeiten auf die Pulverbettqualität zu untersuchen.

D. Jutkuhn, *Qualitätsprüfung für das Pulverbett im selektiven Laserschmelzprozess*, Light Engineering für die Praxis,
https://doi.org/10.1007/978-3-662-72754-6_3

3.2 Analyse der Pulverbettqualität und Schichtauftragsfehler

Ein ganzheitlicher Ansatz für die Auswertung von Bilddaten der Streifenlichtprojektion existiert bislang nicht. Zwar wird mittlerweile von den Herstellern Phase3D Inc. und Velo3D Inc. ein kommerzielles Streifenlichtprojektionssystem als Pulverbettüberwachung für das PBF-LB/M-Verfahren eingesetzt bzw. angeboten, jedoch gibt es keine allgemeingültige Aussage oder Bewertungsmethode zur Pulverbettgüte, der Defektbehaftung oder der Prozessfähigkeit in Bezug auf den Pulverauftragsprozess unter Verwendung unterschiedlicher Auftragsprinzipien oder anderen Parametern.

Daher wird als Ziel dieser Forschungsarbeit ein einheitlicher Ansatz entwickelt und untersucht, mit dem die Bewertung der Prozessfähigkeit im Pulverauftrag erreicht wird. Dabei werden die Aufnahmen des Streifenlichtprojektionssystems bildtechnisch verarbeitet und systematisch zerlegt, um eine Differenzierung zwischen der allgemeinen Oberflächengüte eines Pulverbetts und der Defektbehaftung durch Schichtauftragsfehler herzustellen. Zudem werden die Schichtauftragsfehler eingeordnet, klassifiziert und anhand der Größenordnung der Ausprägung des Fehlers bewertet. Damit wird eine Differenzierung zwischen systematischen und zufälligen Fehlern im Pulverbett erreicht. Durch eine kombinierte Auswertung aller festgestellten Eigenschaften des Pulverbetts lässt sich ein Benchmarking der Prozessparameterkombinationen in Bezug auf die Prozessfähigkeit vornehmen.

3.3 Untersuchung der prioritären Prozessparameter im Pulverschichtauftrag

Untersuchungen zum Pulverschichtauftrag wurden durch Seyda [99] in Bezug auf die Pulverdichte von der Titanlegierung Ti-6Al-4V vorgenommen. Dabei wurde der Einfluss der unterschiedlichen Schichtauftragselemente Kohlenstofffaserbürste, Elastomerklinge und Stahlklinge untersucht. Auch wurde eine im Bereich von 150 bis 450 mm/s, in Schritten von 50 mm/s, variierte Schichtauftragsgeschwindigkeit unter Verwendung der Kohlenstofffaserbürste betrachtet. In allen experimentellen Untersuchungen wurde kein optisches Messverfahren zur Erfassung des Pulverbetts eingesetzt, sondern anhand von Pulverprobennahmen aus dem Pulverbett ein Rückschluss auf die lokale Pulverpackungsdichte gezogen. Die Probennahme erfolgte dabei nach dem Schichtauftrag von 500 aufeinanderfolgender Schichten und stellt somit eine kumulierte Messung der Pulverpackungsdichte dar.

In den Untersuchungen wurde lediglich der unidirektionale Schichtauftrag aus dem Pulverreservoir unter Verwendung einer Kohlenstofffaserbürste betrachtet. Es wurden keine Untersuchungen zu verschiedenen Schichtauftragsprinzipien angestellt, noch wurde der Einfluss der Schichtauftragsgeschwindigkeit unter Verwendung unterschiedlicher Auftragselemente in Vergleich gesetzt.

Yuasa et al. [116] demonstrierten mithilfe der Streifenlichtprojektion in Ex-situ-Versuchen auf einem Pulverbettprüfstand den Anstieg der Rauheit des Pulverbetts mit ansteigender Schichtauftragsgeschwindigkeit für die Pulvermaterialien AlSi10Mg und IN718. Dabei wurde ein Teilausschnitt von 80 × 80 mm^2 des Pulverbetts bei einer Tiefenauflösung von 30 µm erfasst. Die laterale Auflösung wurde in der Arbeit nicht angegeben. Alle Versuche wurden ausschließlich ex-situ mittels des unidirektionalen Schichtauftragsprinzips aus einem Pulverreservoir und mit einer Stahlklinge als Schichtauftragselement durchgeführt. Die Schichtauftragsgeschwindigkeit wurde diskontinuierlich über einen Wertebereich von 15 bis 667 mm/s variiert.

Es wurden keine Untersuchungen zu verschiedenen Schichtauftragsprinzipien angestellt, noch wurde der Einfluss der Schichtauftragsgeschwindigkeit unter Verwendung unterschiedlicher Auftragselemente in Vergleich gesetzt.

Spurek et al. [103] führten in-situ Untersuchungen zum Pulverauftrag bei unterschiedlichen Pulvermaterialien und Schichtauftragsgeschwindigkeiten durch. Hierbei wurde als optisches Messverfahren ein auf dem Beschichter verschieblich angeordnetes Profilometer genutzt, welches einen 16 mm breiten Teilausschnitt der Pulverbettoberfläche über die Auftragsdistanz von 75,5 mm bei einer Vorschubgeschwindigkeit von 18 mm/s erfassen konnte. Die Pulverbettaufnahme im Fertigungsprozess erfolgte demnach durch zusätzliche benötigte langsame Beschichterfahrten und Messzeit zwischen den Schichten, in denen sequentiell insgesamt vier Streifen des Pulverbetts mit dem Messsystem erfasst wurden. Das Messsystem lieferte eine laterale Auflösung von 5 µm und eine Tiefenauflösung von 0,4 µm. Insgesamt wurden sechs unterschiedliche Aluminiumpulver AlSi10Mg (Unterschiede bestanden in der Partikelgrößenverteilung und Fließfähigkeit) bei Schichtauftragsgeschwindigkeiten von 50, 100 und 400 mm/s untersucht und in Bezug auf die Pulverschichtdicke und die Rauheit von Pulverbett und Belichtungsflächen ausgewertet.

Hierbei wurde lediglich der unidirektionale Schichtauftrag aus dem Pulverreservoir unter Verwendung einer Stahlklinge betrachtet. Es wurden keine Untersuchungen zu verschiedenen Schichtauftragsprinzipien angestellt, noch wurde der Einfluss der Schichtauftragsgeschwindigkeit unter Verwendung unterschiedlicher Auftragselemente in Vergleich gesetzt.

Bislang wurde durch keine Forschungsarbeit eine schichtindividuelle und vollständige Erfassung des Pulverbetts in Verbindung mit einer vollfaktoriellen Untersuchung der Pulverbettqualität in Bezug auf die Güte und Defektbehaftung für unterschiedliche Parameterkombinationen von Schichtauftragsprinzip, Schichtauftragselement, Schichtauftragsgeschwindigkeit und Pulverschichtdicke durchgeführt. Diese Forschungsarbeit nimmt sich der Untersuchung unter Verwendung des Messverfahrens der Streifenlichtprojektion für die Überwachung des Pulverbetts in Ex-situ- und In-situ-Versuchen von AlSi10Mg an.

Neben der Zielsetzung, neue wissenschaftliche Erkenntnisse zu den unterschiedlichen Einflüssen der prioritären Parameter im Pulverschichtauftrag auf die Pulverbettqualität zu erlangen, sollen im Speziellen wirtschaftlich vorteilhafte Parameterkombinationen identifiziert werden. Parameterkombinationen, die eine reduzierte Neigung zur Defektanfälligkeit aufweisen und damit eine höhere Prozessstabilität gewährleisten, die in letzter Konsequenz potentiell zu geringerem Ausschuss und damit einer gesteigerten Produktivität führen.

Aber auch Parameterkombinationen mit höheren Schichtauftragsgeschwindigkeiten bei gleichbleibender Pulverbettgüte, die eine direkte Reduktion der Nebenzeit im Prozess und damit eine höhere Produktivität versprechen. Das durch die Ex-situ-Versuche eingegrenzte Feld aus identifizierten Parameterkombinationen wird hinsichtlich der Eignung im Prozess durch In-situ-Versuche validiert, bei denen Probekörper zur nachgelagerten zerstörenden Prüfung der Materialdichte gefertigt und analysiert werden. Die Ergebnisse werden korreliert und eine abschließende Bewertung der Wirtschaftlichkeit unterzogen.

3.4 Betrachtung der Systemlösung im industriellen Maßstab

Neben den wissenschaftlichen Erkenntnissen in der Qualitätsprüfung des Pulverbetts liegt ein weiterer Fokus dieser Arbeit auf der Übertragbarkeit der entwickelten Lösung in ein PBF-LB/M-Prozessüberwachungssystem für die Qualitätssicherung im industriellen Maßstab.

Dafür wird das entwickelte Messsystem in Anbetracht der Größenklassen von heutigen und zukünftigen PBF-LB/M-Anlagen betrachtet und skaliert. Eine Auswahl und Kostenanalyse der benötigten Hardwarekomponenten sowie die Eignung zur Überwachung großer Pulverbettdimensionen bei gleichbleibend hoher Auflösung wird abgeschätzt. Zudem wird eine Prozessintegration unter Berücksichtigung der Synchronisation zum Prozessablauf, eine Analyse des potentiellen Funktionsumfangs sowie der Datenreduktion für die Online-Auswertung beleuchtet. Abschließend wird das industrielle Potenzial der entwickelten Systemlösung zusammengefasst und bewertet.

4 Streifenlichtprojektion für die Qualitätsprüfung des Pulverbetts

In diesem Kapitel werden die entwickelte Messtechnik, Anlagentechnik, softwareseitige Bilddatenverarbeitung und Auswertemethodik vorgestellt, die für die Untersuchungen der Pulverbettqualität in Kapitel 5 zum Einsatz gebracht werden. Das Kapitel schließt mit dem Aufbau und der Beschreibung der Versuchsplanung ab.

4.1 Streifenlichtprojektionssystem SL3D

Bei dem in dieser Arbeit verwendeten Messsystem für die 3D-topographische Pulverbettüberwachung handelt es sich um einen prototypischen Messaufbau nach dem Prinzip der Streifenlichtprojektion. Das Messsystem mit rein interner Prototypenbezeichnung StructuredLight3D (SL3D) wurde in einer gemeinschaftlichen Entwicklung zwischen dem Fraunhofer IAPT und dem Messtechnikhersteller Hexagon Technology Center GmbH speziell für die hochauflösende Pulverbettüberwachung konzeptioniert, entwickelt und ausgelegt. Im Rahmen dieser Arbeit wird das SL3D-System in die Anlagentechnik der PBF-LB/M-Forschungsanlage AconityLAB des Herstellers Aconity3D GmbH für die In-situ-Versuche sowie in einen Pulverbettprüfstand in Eigenentwicklung für die Ex-situ-Versuche integriert, kalibriert und für die Untersuchungen der Pulverbettqualität eingesetzt. Das Messsystem dient der schichtindividuellen hochauflösenden Erfassung des gesamten Pulverbetts vor und nach der Belichtung bzw. dem Pulverschichtauftrag.

4.1.1 Messaufbau und Spezifikationen

Das Messsystem SL3D erfüllt nach Vorgabe der Bedingungen, abgeleitet aus dem Forschungsbedarf, die Aufgabe, die vollständige Bauplattform der Forschungsanlage AconityLAB in einer Auflösung der Größenordnung der Pulverpartikel zu erfassen. Dabei werden unter Verwendung von leistungsstarken und hochauflösenden High-Speed-Kameras eine Messauflösung von lateral 45 µm in x-Richtung und 55 µm in y-Richtung erreicht.

Das System verwendet zwei kommerzielle monochrome 50 MP-Kameras vom Modelltyp CB500MG-CM des Herstellers Ximea und einen prototypischen Laserlichtprojektor der Hexagon Technology Center GmbH in statischer Anordnung unter Einhaltung der Scheimpflugbedingungen zueinander, um das Triangulationsprinzip der Streifenlichtprojektion zur Anwendung zu bringen. Die Kameras verfügen über eine maximale Auflösung von 7920×6004 Pixel.

D. Jutkuhn, *Qualitätsprüfung für das Pulverbett im selektiven Laserschmelzprozess*, Light Engineering für die Praxis,
https://doi.org/10.1007/978-3-662-72754-6_4

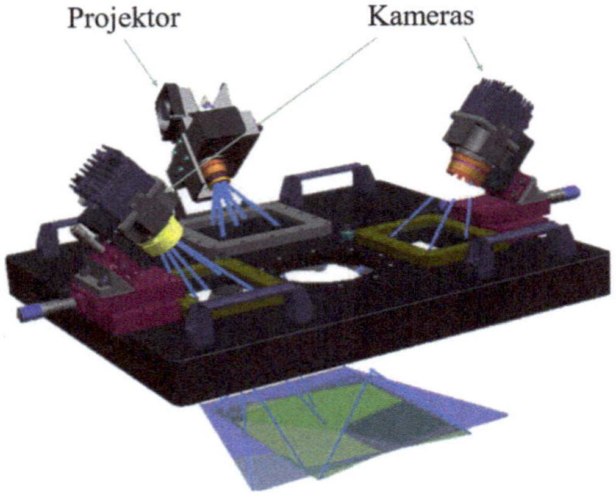

Abbildung 4.1: CAD-Modell des SL3D-Messaufbaus, integriert auf dem Baukammerdeckel der PBF-LB/M-Forschungsanlage AconityLAB [82]

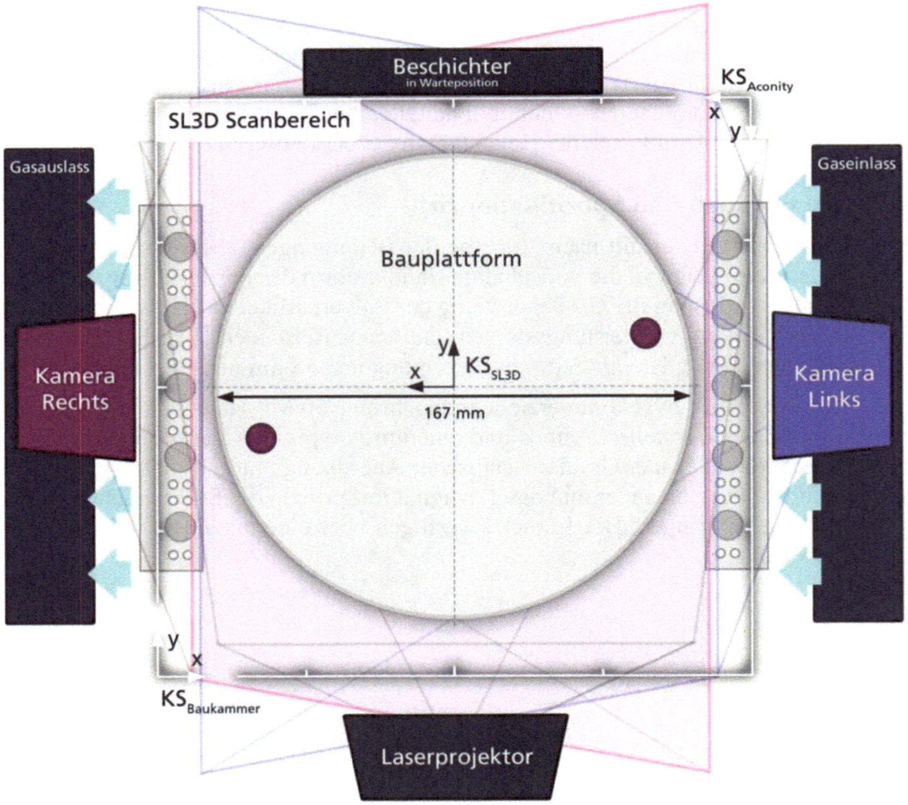

Abbildung 4.2: Anordnung des SL3D-Messaufbau und Messszene in der Draufsicht (AconityLAB) [82]

Der zwischen dem Stereokamerasystem mittig platzierte Projektor erzeugt eine Abfolge eines kontrastreichen Streifenlichtmusters, welches auf die Messszene, hier das Pulverbett der AconityLAB bzw. des Pulverbettprüfstands, projiziert wird. Durch Aufnahme eines jeden der neun unterschiedlichen projizierten Muster durch die zwei Kameras wird auf Grundlage dieser Mehrfachaufnahme jeweils pro Kamera ein Grauwertbild mit den Intensitätsdaten sowie ein verrechnetes Höhenprofil der 3D-Topographie der Messszene erstellt.

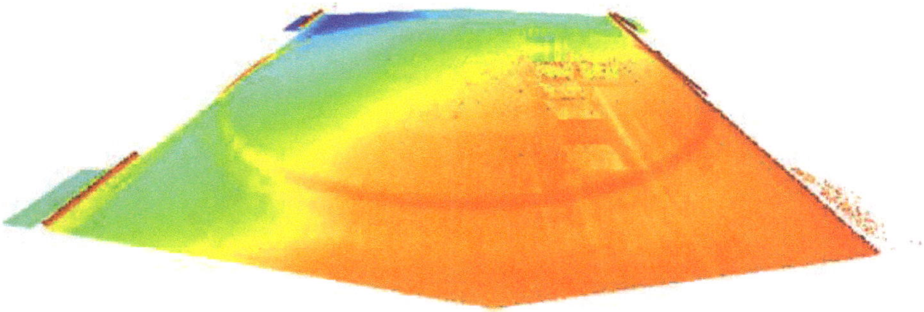

Abbildung 4.3: 3D-Rekonstruktion des Pulverbetts im Fertigungsbaujob auf der PBF-LB/M-Forschungsanlage AconityLAB von Aconity3D GmbH

Die zwei Grauwertbilder im PNG-Bilddateiformat sowie die topographische Messdatei im STL-Dateiformat werden dabei automatisch mithilfe der kommerziellen Software Opto-Cat 2017 R1 der Hexagon AICON ETALON GmbH erzeugt. Durch die Nutzung einer Mehrfach-Musterprojektion kann die Tiefenauflösung auf bis 15 µm bei einer Tiefenunsicherheit von 4,8 µm gesteigert werden. Die Tiefengenauigkeit liegt bei 50 µm.

Tabelle 4.1. Spezifikationen des prototypischen Streifenlichtprojektionssystem SL3D

Spezifikationen	Werte
Messbereich	$195 \times 185 \times 10$ mm³
Winkelstellung (Kameras, Projektor)	36°
Anzahl Punkte pro Scan	50 Mio.
Laterale Auflösung in x, y	45 µm (x), 55 µm (y)
Tiefenunsicherheit in z (1σ)	4,8 µm
Genauigkeit (x, y, z)	< 50 µm
Tiefenauflösung (3σ)	15 µm

Das Messsystem ist über einen Hardware-Trigger mit der Anlagensteuerung verbunden und die Einzelmessung (Scan) wird durch das Schalten eines analogen Signals (5V-High-Low) ausgelöst. Da es sich um einen prototypischen Messaufbau für die Forschung ohne hardware- oder softwareseitige Optimierung handelt, bedarf die Messung unter Verwendung der neun aufeinander ab folgenden Streifenlichtmuster eine Gesamtmessdauer von ca. 27 Sekunden. Die Messung kann mehrfach in jeder Schicht oder jeder n-ten Schicht erfolgen. Abbildung 4.4 zeigt die drei Messzeitpunkte der Pulverbettüberwachung, mit denen unterschiedliche Aspekte der Pulverbettqualität untersucht werden können.

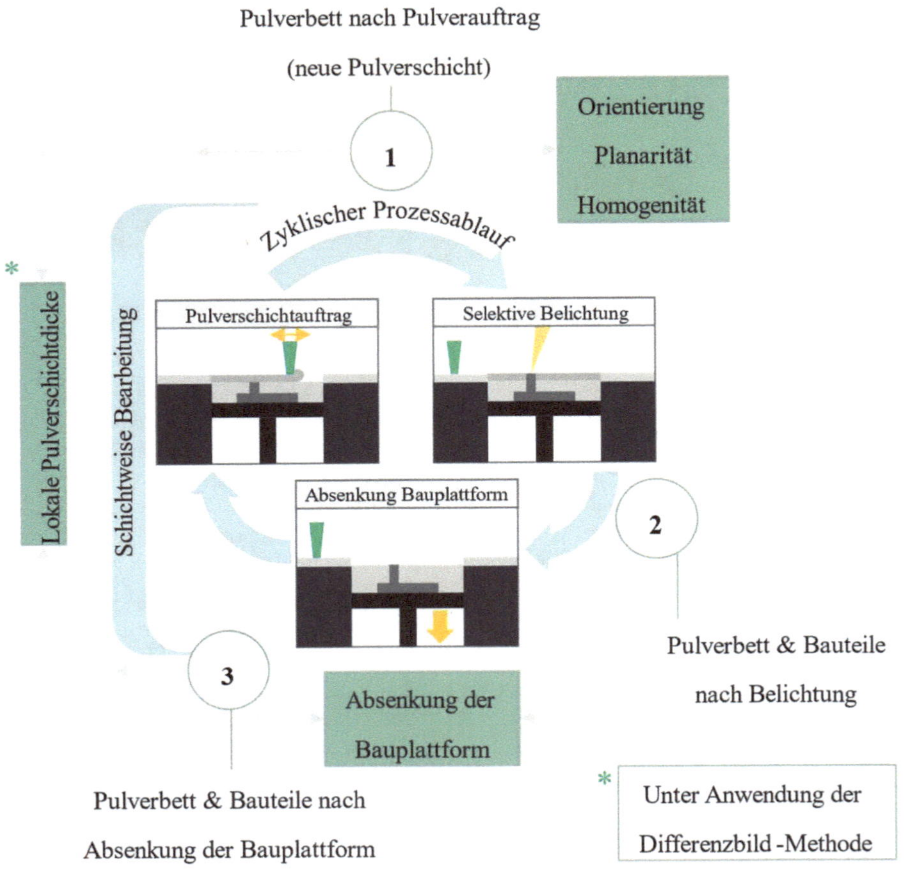

Abbildung 4.4: Messzeitpunkte im PBF-LB/M-Prozessablauf

4.1.2 Kalibrierung und Genauigkeitsanalyse

Die numerische Verteilung der zufälligen Messabweichung wird in [13] ermittelt und experimentell von Brummerloh [16] und Karouta [64] validiert. In [13] wird die mittlere Standardabweichung σ^2 für unterschiedliche Schichtdicken im Bereich von 30 µm bis 90 µm mit 3,85 µm ermittelt. Die gemessene Tiefenunsicherheit 1σ liegt im Bereich von 3,2 µm bis 4,8 µm.

4.1.3 Bilddatenverarbeitung

Um die Messdaten analysieren zu können, geht der Analyse ein weiterer Verarbeitungsschritt mit dem Softwareprogramm ScanCalc der Hexagon Technology Center GmbH voran. Dabei werden Höhendaten als STL-Datei einer jeden Messung zur weiteren Bilddatenverarbeitung in eine Matlab-Matrix transformiert.

Die Werte der Matrix stellen die Höhendaten des Pulverbetts in z-Richtung, aufgetragen über die x- und y-Koordinaten der Bildmatrix, dar. Die Größe der Matrix, und damit die Auflösung des Bildes, kann dabei unter Verwendung eines 2×2-Binnings zwischen der vollständigen Auflösung (B1) und der halben Auflösung (B2) der ursprünglichen Daten gewählt werden (siehe Tabelle 4.2).

Tabelle 4.2: Bildauflösungen in der Bilddatenverarbeitung

Binningfaktor	Matrixeinträge (Zeilen × Spalten)	Laterale Bildauflösung
B1 (Original)	4001 × 4001	ca. 50 µm × 50 µm
B2 (2×2-Binning)	2001 × 2001	ca. 100 µm × 100 µm

Ein Skalierungsfaktor in z-Richtung wird auf die Höhendaten angewandt, um die räumliche Verzerrung aufgrund optischer Komponenten zu korrigieren. Der Skalierungsfaktor beträgt 0,8 bei einer Schichtdicke kleiner als 100 µm [64].

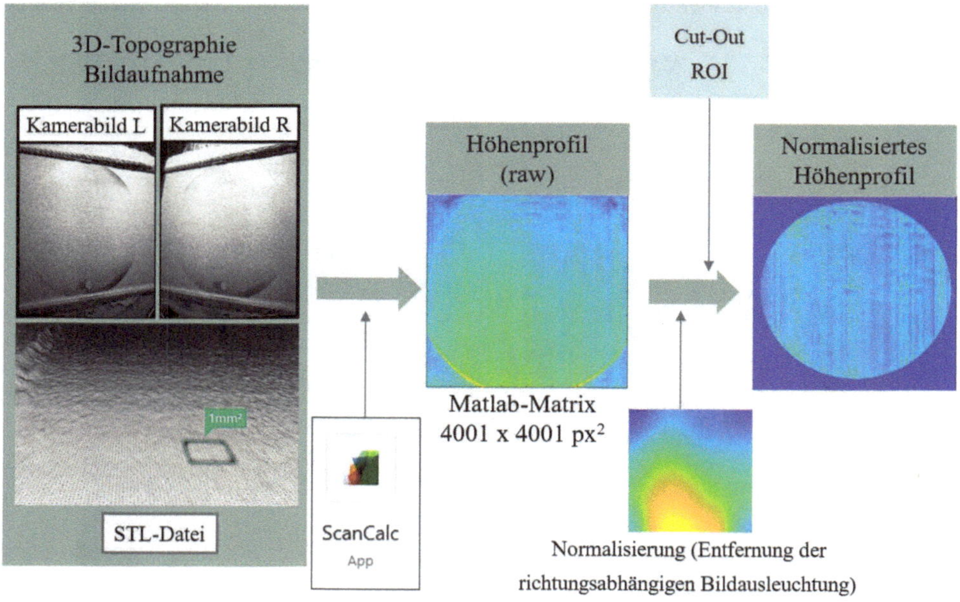

Abbildung 4.5: Verarbeitungskette in der Bilddatenverarbeitung

Aufgrund von inhomogener Ausleuchtung der Szene, verursacht durch diffuses Umgebungslichts sowie die einseitig gerichtete Beleuchtung durch den Laserlichtprojektor, lässt sich auf allen Bildern ein Höhengradient durch die inhomogene Intensitätsverteilung erkennen (Abbildung 4.5). Dieser Intensitätsgradient stellt eine Abweichung in der Messung der Topographie dar und muss aus den Bildern durch Nachbearbeitung gefiltert werden, um das tatsächliche Höhenprofil der Szene zu erhalten [16].

Hierfür wird ein Ausgleichsprofil mittels Gaußfilter einer Referenzaufnahme errechnet und von dem Höhenprofil aller Aufnahmen subtrahiert. Das Vorgehen der Höhennormalisierung wird in der Arbeit von Müssig [62, 83] im Detail beschrieben. Zudem reduziert ein runder Bildausschnitt die Daten auf den für die Analyse relevanten Bildbereich (ROI), in dem sich ausschließlich das betrachtete Pulverbett befindet. Der Einfluss von Randeffekten außerhalb des Pulverbetts oberhalb der Bauplattform wird dadurch eliminiert, als auch die Datenmenge reduziert.

4.2 Automatisierte Bewertung der Pulverbettqualität

Eine automatisierte Analytik zur Auswertung dient einer vergleichenden Bewertung der Pulverbettqualität (siehe Abbildung 4.6). Dabei können Einzelaufnahmen einer jeden Schicht, Aufnahmestapel einer Schichtabfolge sowie wiederholte Baujobs/Versuche in Relation gesetzt werden. Nach der Vorverarbeitung der Rohbilddaten stehen die normalisierten Höhenprofile als Ausgangsdaten für weitere Verarbeitungs- und Analyseschritte zur Verfügung. Für die Untersuchungen der Parametereinflüsse auf den Pulverschichtauftrag nach Abschnitt 4.6 werden die Daten unter zwei differenzierten Aspekten analysiert.

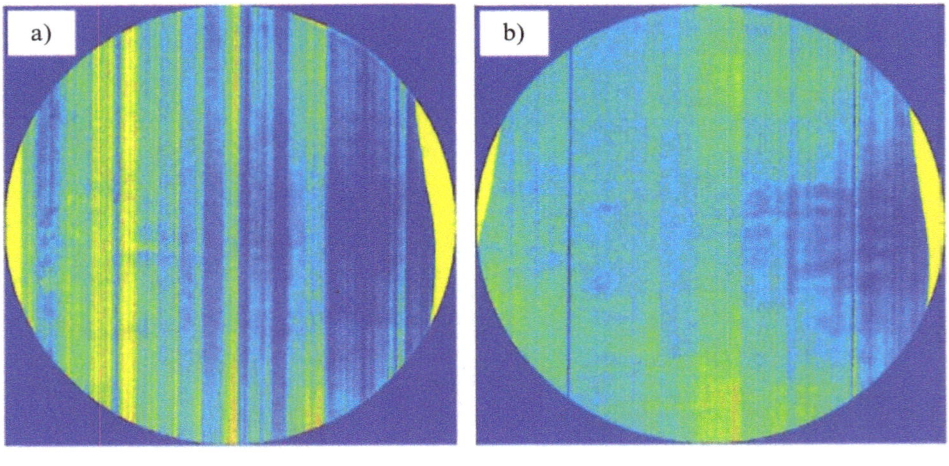

Abbildung 4.6: Beispielhafte Aufnahme der Pulverbetttopographie durch SL3D bei Verwendung des Schichtauftragselements: (a) Kohlenstofffaserbürste, (b) Elastomerklinge

4.2.1.1 *Pulverbettgüte*

Die Datenanalyse erfolgt grundsätzlich durch die Ermittlung und Auswertung der Streuung der Höhendaten in stufenweisen Levels (innerhalb einer Pulverschicht, innerhalb einer Messreihe, innerhalb einer Parameterkombination). Hierfür wird das Pulverbett ohne Betrachtung von Defektflächen ausgewertet, die zuvor durch Segmentation separiert werden, und mit Hilfe von drei definierten Faktoren beschrieben: Homogenität, Prozessstabilität und Reproduzierbarkeit.

4.2.1.2 *Defekterkennung*

Hierbei werden die charakteristisch auftretenden Inhomogenitäten des Pulverbetts detektiert, identifiziert und klassifiziert. Jede Art von Inhomogenität weist eine individuelle, sie charakterisierende Eigenschaft auf, die sich durch eine passende Methode der Bilderkennung identifizieren lässt. Eine auf diese Weise automatisierte Defekterkennung erfolgt mit Hilfe der Bildsegmentierung und Oberflächenfiltration. Die Bildsegmentierung kann die Defektfläche (z. B. Bereich mit Pulverunterversorgung, lokale Pulverhaufen, u. ä.) detektieren. Die Oberflächenfiltration ermöglicht die Untersuchung unterschiedlicher Anteile des Oberflächenprofils (z. B. Rauheit, Schwingungen, Form), die in Form einer Überlagerung vorliegen, die extrahiert und kategorisiert werden müssen. Zur Bewertung der Prozesskritikalität anhand der Ausprägung des Defektes wird ein Rang auf einer Skala von 0 bis 10 zugeordnet und klassifiziert. Je höher der zugewiesene Rang, desto kritischer ist der Einfluss des jeweiligen identifizierten Defekts im Pulverbett und der damit verbundenen potentiell störenden und qualitätsmindernden Auswirkung auf den Fertigungsprozess.

Mit den Ergebnissen der Pulverbettgüte und der Defekterkennung kann eine Aussage über die allgemeine Pulverbettqualität getroffen werden. Die Ergebnisse der Auswerteanalytik ermöglichen einen unmittelbaren Vergleich des Schichtauftragsverhaltens von verschiedenen Parameterkombinationen und eine Bewertung hinsichtlich der Prozessfähigkeit.

4.2.2 Metrik zur Bestimmung der Pulverbettqualität

Defekte im Pulverbett bezeichnen alle Arten von erkennbaren Abweichungen aufgrund von inhomogenem bzw. fehlerbehaftetem Schichtauftrag. Diese Defekte können für die Defektbildung in den zu fertigenden Bauteilen (Poren, Anbindungsfehler, Rissbildung) ursächlich bzw. daran beteiligt sein. Die Kritikalität des Defekts im Schichtauftrag auf den Fertigungsprozess hängt stark von der jeweiligen Defektart und dessen Ausprägung in Fläche und Tiefe ab [62]. In den folgenden Abschnitten werden fünf unterschiedliche Defektklassen des Pulverbetts beschrieben und die zugehörigen Methoden in der Bilderkennung vorgestellt. Anschließend erfolgt eine Klassifizierung der Defekte entsprechend ihrer Kritikalität.

4.2.2.1 *Betrachtete Defektklassen im Pulverbett*

Defektklasse 1: Pulverunterdeckung

Pulverunterdeckung kann während des Schichtauftrags auftreten, wenn die Bauplattform nicht vollständig mit Pulver bedeckt ist (Abbildung 4.7, Nr. 1). Die Ursache hierfür kann darin liegen, dass der leere Pulvertank nicht rechtzeitig aufgefüllt wurde. Dabei können mehrere Schichten nicht vollständig mit Pulver beschichtet werden. Unterdeckungsbereiche können auch aufgrund des Pulverzustellmechanismus entstehen. Dabei wird das

Pulver ungleichmäßig entlang der Schichtauftragselements verteilt bzw. gefördert. Dies führt zu einer lokalen Pulverunterdeckung entlang des Auftragselements in Schichtauftragsrichtung. Eine weitere Ursache kann an einem unzureichenden Pulverdosierfaktor, einer verminderten Pulverfließfähigkeit oder einem ungünstigen Verhältnis zwischen dem Pulverdosierfaktor und der Schichtauftragsgeschwindigkeit liegen. Dabei reicht die zugestellte Pulvermenge nicht aus, um einen vollständigen Schichtauftrag in der Fläche über der Bauplattform zu gewährleisten. Eine wiederholte Pulverunterdeckung an derselben Stelle in mehreren Schichten stellt eine kritische Situation für den Prozess dar, da es die Integrität des Bauteils imminent gefährdet.

Defektklasse 2: Pulverablagerung

Pulverablagerungen sind in der Regel kleine, rundförmige Pulverklumpen, die hinter dem Beschichter auf das Pulverbett herabfallen (siehe Abbildung 4.7, Nr. 2). In Folge einer Belichtung einer Pulverablagerung können erhöhte verfestigte Strukturen entstehen, die das Risiko einer Kollision mit dem Pulverbeschichter und damit verbundenen Beschädigung des schichtauftragenden Elements bergen.

Ein möglicher Grund für die Ablagerungsentstehung ist, dass sich überschüssiges Pulver auf dem Beschichter ansammelt und durch Schwingungen während des Schichtauftrags herabfallen. Während der Versuche aus Kapitel 5 wurde festgestellt, dass der Schichtauftrag mit Kohlenstofffaserbürste vermehrt zu Pulverablagerungen neigt, als es die weiteren Schichtauftragselemente Elastomerklinge und Stahlklinge tun. Ein möglicher Grund hierfür könnte Pulver sein, das sich zwischen den Bürstenfasern anhaftet und hinter dem Schichtauftrag, oder während der Rückfahrt bei unidirektionalem Schichtauftrag, ablöst.

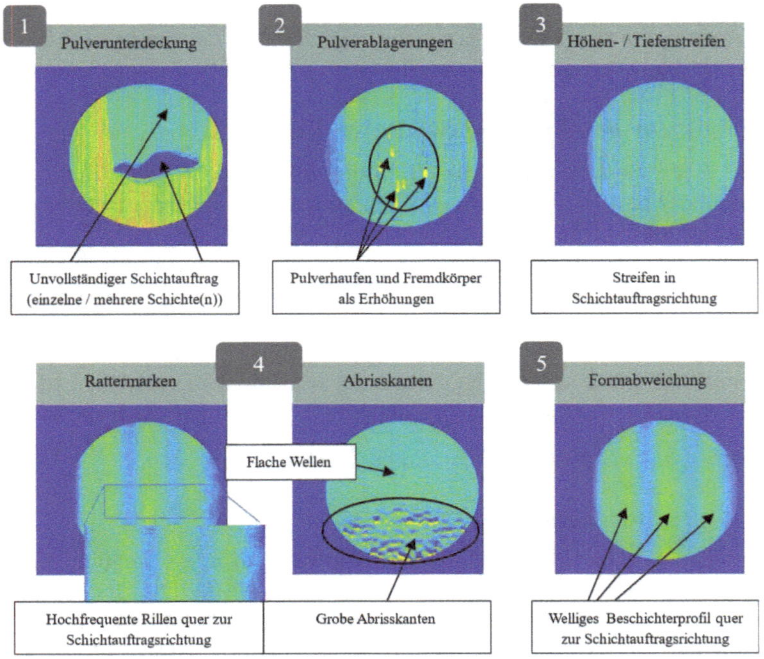

Abbildung 4.7: Beispielhafte Pulverbettaufnahmen der in dieser Arbeit betrachteten Defektklassen

Defektklasse 3: Höhen- / Tiefenstreifen

Streifenbildung ist ein Defektbild, dass für streifenförmige Pulvergräben und Pulveranhäufungen in Richtung des Schichtauftrags charakteristisch ist (siehe Abbildung 4.7, Nr. 3). Der Entstehungsmechanismus der Streifen ist bei den verschiedenen Schichtauftragselementen sehr unterschiedlich. Die homogenen abwechselnden Höhen- und Tiefenstreifen sind charakteristisch für die Beschichtung mit einer Kohlenstofffaserbürste. Die Ursache könnte darin begründet liegen, dass das Pulver durch die Pulverlast vor der Kohlenstofffaserbürste Lücken zwischen den Bürstenfasern durch Verbiegen dieser hervorruft und dadurch die Anhäufungstreifen entstehen. Gleichzeitig sind Stellen in der Kohlenstofffaserbürste, an denen die Bürstenfasern durch Auslenkung gestreckt werden, zu Tiefenstreifen im Pulverbett geworden. Dieser Effekt tritt verstärkt bei erhöhter Schichtauftragsgeschwindigkeit oder erhöhter Pulvermenge auf. Die Kohlenstofffaserbürste ist in der Regel empfindlicher gegenüber einer Deformation als die Elastomer- oder Stahlklinge.

Im Falle der Elastomerklinge können Tiefenstreifen entstehen, wenn während des Schichtauftrags die Pulverpartikel an der Oberfläche des Elastomers anhaften, sich in das Elastomer eingraben oder kleine Schnitte und Kerben entlang der definierten Kante des Elastomers entstehen. In diesen Fällen erscheinen die Streifen wiederholt in mehreren Schichten an den gleichen Stellen. Die Pulverpartikel können sich auch selbsttätig von der Elastomerklinge ablösen, jedoch bleibt die Elastomerklinge an dieser Stelle weiterhin beschädigt. Zudem kann Pulver erneut an diesen Stellen anhaften. Keramik- und Stahlklinge sind geometrie- und materialbedingt ausgesprochen steif und erfahren in der Regel keine lokale Deformation oder Beschädigung durch loses Pulver während des Schichtauftrags, mit Ausnahme einer Kollision mit einer erhöhten Bauteilstruktur. In diesem Fall muss die Klinge aufgrund von irreversibler Beschädigung getauscht werden. Pulverpartikel am oberen Ende der Partikelgrößenverteilung oder auch Pulveragglomerationen (z. B. im Zuge der Wiederverwendung und Alterung von Pulver) werden von jedem Schichtauftragselement mitbewegt und können zu jedem Zeitpunkt im Schichtauftrag Tiefengräben im Pulverbett verursachen [77].

Defektklasse 4: Rattermarken / Abrisskanten

Rattermarken, in Analogie zum Fräsverfahren, bezeichnen horizontalen Streifen, die quer zur Schichtauftragsrichtung im Pulverbett verlaufen und meist eine hohe Frequenz aufweisen (Abbildung 4.7, Nr. 4). Die Entstehung von Rattermarken deutet auf eine Schwingung des Beschichters oder des schichtauftragenden Elementes aufgrund dessen Materialeigenschaften hin. Zwei mögliche Zustände, die für die Schwingung ursächlich sein können, sind eine hohe Krafteinwirkung auf das schichtauftragende Element durch die zu beschleunigende und bewegende Pulvermasse oder eine alternierend fluktuierende Verdichtung des Pulvers vor dem Auftragselement aufgrund einer erhöhten Schichtauftragsgeschwindigkeit, die zu einem Stick-Slip-Effekt führen kann.

Ein ähnlicher Effekt wie bei den Rattermarken liegt bei den Abrisskanten zugrunde. Aus Abbildung 4.7, Nr. 4 ist ersichtlich, dass im Anfangsbereich eine Vielzahl an flachen Wellen über das Pulverbett verlaufen, die sich im Endbereich in Abrisskanten mit starker Abweichung in der Höhe ausprägen. Im Rahmen der Versuche aus Kapitel 5 sind Abrisskanten vermehrt nur bei sehr hohen Schichtauftragsgeschwindigkeiten im Bereich von 400 bis 500 mm/s aufgetreten.

Es konnte zudem beobachtet werden, dass durch die Erhöhung des Pulverdosierfaktors die Entstehung der Abrisskanten teilweise abgedämpft werden kann. Eine Annahme ist, dass die Ursache für die Abrisskanten in einem ungünstigen Verhältnis der Schichtauftragsgeschwindigkeit und der zugestellten Pulvermasse begründet liegt. Die Defekte Rattermarken und Abrisskanten lassen sich durch eine erhöhte Frequenz und Amplitude in der Querschnittebene, parallel zur Schichtauftragsrichtung verlaufend, identifizieren.

Defektklasse 5: Formabweichung

Die Formabweichung (Abweichung zum Sollprofil der Schichthöhe) ist ein Maß für die Ebenheit des Pulverbetts. Die Formabweichung wird in Richtung des Schichtauftrags und quer zur Schichtauftragsrichtung betrachtet. In Schichtauftragsrichtung kann aufgrund eines Entmischungseffekts des Pulvers über die Auftragsstrecke das Höhenprofil im Pulverbett abnehmen. Die Formabweichung quer zum Schichtauftrag stellt das Profil des Schichtauftragselements dar, welches auf das Pulverbett übertragen wird (siehe Abbildung 4.7, Nr. 5). Bei Montage des Schichtauftragselements kann es vorkommen, dass das Schichtauftragselement geneigt eingebaut wird oder Klemmkräfte eine Deformation durch Vorspannung bewirken, die zu einem welligen Profil (insbesondere bei Verwendung einer Elastomerklinge) führen können. Eine weitere mögliche Ursache ist die Deformation einer Klinge während des Schichtauftrags aufgrund der ungleichmäßigen Pulverlast, die durch ungleichmäßige Pulverzustellung oder die ungleichmäßige Verteilung von Belichtungsflächen entsteht.

4.2.2.2 Analysemethodik zur Defekterkennung

Eine Bildsegmentierung wird genutzt, um die Flächen signifikanter Höhenabweichungen, wie im Falle von Defektklasse 1 und 2, aus dem Pulverbett zu extrahieren. Die Herausforderung bei der Segmentierung besteht darin, dass eine dem Sensorrauschen ähnliche Oberflächenstruktur des Pulvers charakteristisch für das Pulverbett ist. Bei konventioneller Segmentierung mit Hilfe von Kantendetektion ergeben sich unter Anwendung von Glättungsfiltern damit unscharfe und diskontinuierliche Kanten. Darüber hinaus kann das Auftreten und eine Überlagerung mit weiteren Defektklassen das Ergebnis der Kantendetektion zusätzlich verfälschen. Zur Lösung dieser Problemstellung werden von der jeweiligen Defektklasse abhängige Methoden für die Bildsegmentierung angewandt.

Die Oberflächenfiltration wird genutzt, um überlagerte Schwingungen aus dem Pulverbettprofil zu filtern und zu charakterisieren. Durch Anwendung der Oberflächenfilter (Hochpass, Tiefpass) kann eine Oberfläche in verschiedene Ordnungen von Schwingungen (Rauheit, Wellen, Form) zerlegt und untersucht werden. Hierfür wird eine Grenzwellenlänge festgelegt, um den durchlässigen Wellenbereich und den zu filternden Wellenbereich zu definieren. Bislang existiert noch kein Standardverfahren für die Auswahl der Grenzwellenlänge in der additiven Fertigung. Die Auswahl der Grenzwellenlänge und Ermittlung der Rauheitskenngrößen in dieser Arbeit beruhen daher auf der Standardprozedur in Anlehnung an die DIN EN ISO 4287 [36] und DIN EN ISO 4288 [37].

4.2.2.3 *Defektklasse 1: Detektion durch histogrammbasierte Schwellenwertoperation*

Zur Erkennung der Defektklasse 1 werden Schwellenwerte zur Segmentierung der unterschiedlichen Bereiche im Pulverbett verwendet. Die Matlab-Funktion *multithresh* findet mittels statistischer Methoden automatisch zwei Schwellenwerte in der Grauwertverteilung des Bildes nach der Otsu-Methode.

Dabei werden die Höhenwerte zunächst in Graustufen skaliert, zwei Schwellenwerte trennen die Bildaufnahme in drei unterschiedliche Bereiche (Vordergrund, Mittenbereich und Hintergrund). Die Bildanteile der Bereiche können durch den in Abbildung 4.10 dargestellten Verarbeitungsprozess dem Pulverbett oder der Defektklasse 1 zugeordnet werden. Der Grenzwert für die Fallunterscheidung wird durch eine Sichtung der Bilddaten für die Defektklasse 1 mit k = 0,8 gewählt.

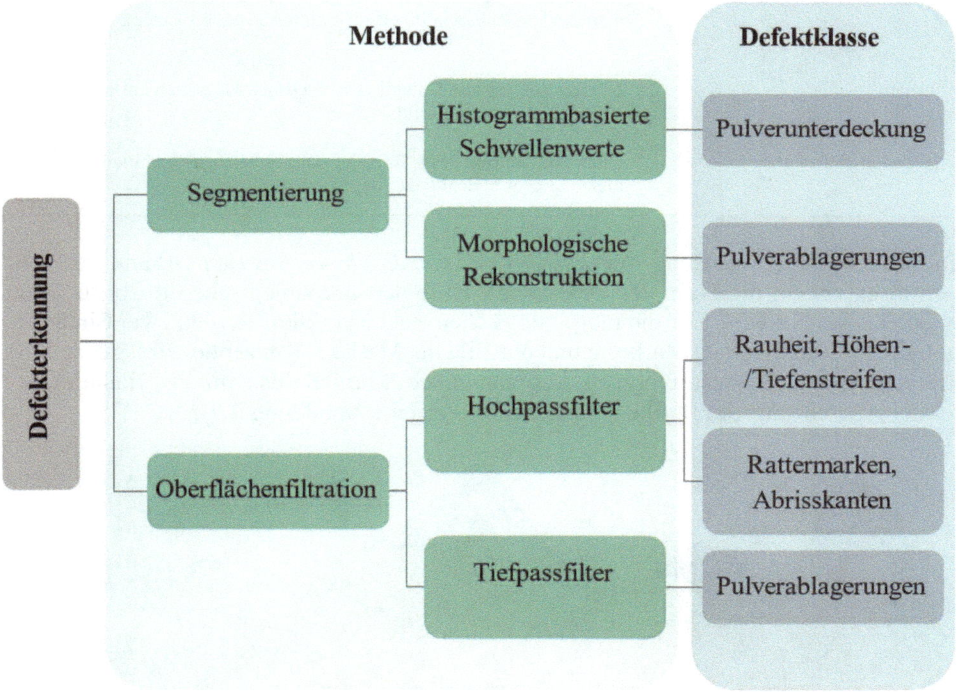

Abbildung 4.8: Verarbeitungslogik der angewandten Bildverarbeitungsmethoden zur Erkennung der fünf betrachteten Defektklassen

4.2.2.4 *Defektklasse 2: Detektion durch morphologische Rekonstruktion*

Für die Unterdrückung der eines Sensorrauschens ähnlichen Oberflächenstruktur des Pulvers wird ein sequentieller Rekonstruktionsfilter (*opening-closing-by-reconstruction)* verwendet, um höherwertige Ergebnisse bei der Detektion von Pulverablagerungen zu erlangen. Die grundlegenden Funktionen von morphologischen Operationen sind in Tabelle 4.3 festgehalten.

Die Öffnen- und Schließen-Operationen werden oftmals zusammen verwendet, um gleichzeitig Rauschen zu unterdrücken und Löcher zu füllen. Allerdings kann eine Einschränkung von diesen Methoden darin bestehen, dass die Form des Objekts verändert wird, aufgrund der Form und Größe des strukturierenden Elementes.

Tabelle 4.3: Grundlegende Funktionen morphologischer Operationen

Morphologische Operation	Ergebnis der Operation
Erosion	Ersetzt den Grauwert des jeweiligen Pixels mit dem minimalen Grauwert der benachbarten Pixel, die über das strukturierende Element definiert sind
Dilatation	Ersetzt den Grauwert des jeweiligen Pixels mit dem maximalen Grauwert des benachbarten Pixels im strukturierenden Element
Öffnen	Erosion gefolgt von Dilatation: Die Öffnen-Operation entfernt kleine isolierte Objekte vom Bild
Schließen	Dilatation gefolgt von Erosion: Die Schließen-Operation schließt kleine Löcher in dem Bild

Die sequentielle Anwendung von *Opening-* und *Closing-by-reconstruction* kann das Problem lösen, indem die Form des Objekts mit Hilfe der morphologischen Rekonstruktion wiederhergestellt wird. Für die morphologischen Rekonstruktion werden zwei Bilder benötigt. Ein Bild dient als Marker g und ein Bild als Maske f. Konzeptionell lässt sich die morphologische Rekonstruktion als Ausdehnung des Markerbilds g mittels Dilatation unter der Abgrenzung von Maske g verstehen (vergleiche Abbildung 4.9).

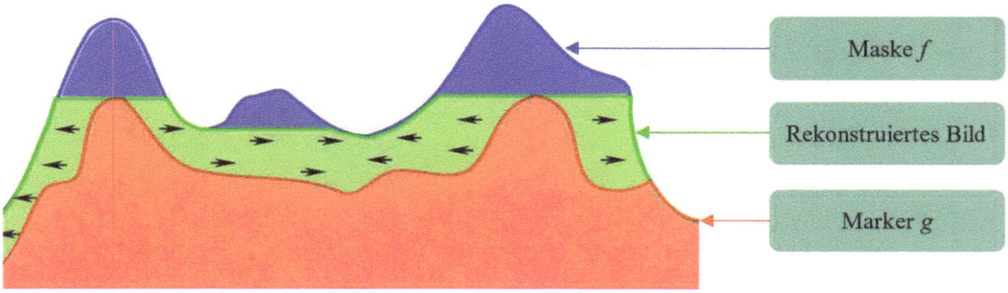

Abbildung 4.9: Qualitative Darstellung des Funktionsprinzips der morphologischen Rekonstruktion nach [20]

Nach der Anwendung der morphologischen Rekonstruktion erfolgt die Ermittlung der regionalen Maxima mit Hilfe der Matlab-Funktion *imregionalmax*. Mit der Eingrenzung der maximalen Fläche eines regionalen Maximums auf 5000 Pixel werden nur die begrenzten Bereiche lokaler Maxima (Pulverablagerungen) extrahiert. In Abbildung 4.11 ist das Ergebnis der Segmentierung dargestellt. Der Flächenanteil der Defektklasse 2 zu der gesamten Pulverbettfläche und die mittlere Höhe dieser Fläche werden als charakteristische Werte zur Auswertung von Pulverablagerungen angewendet.

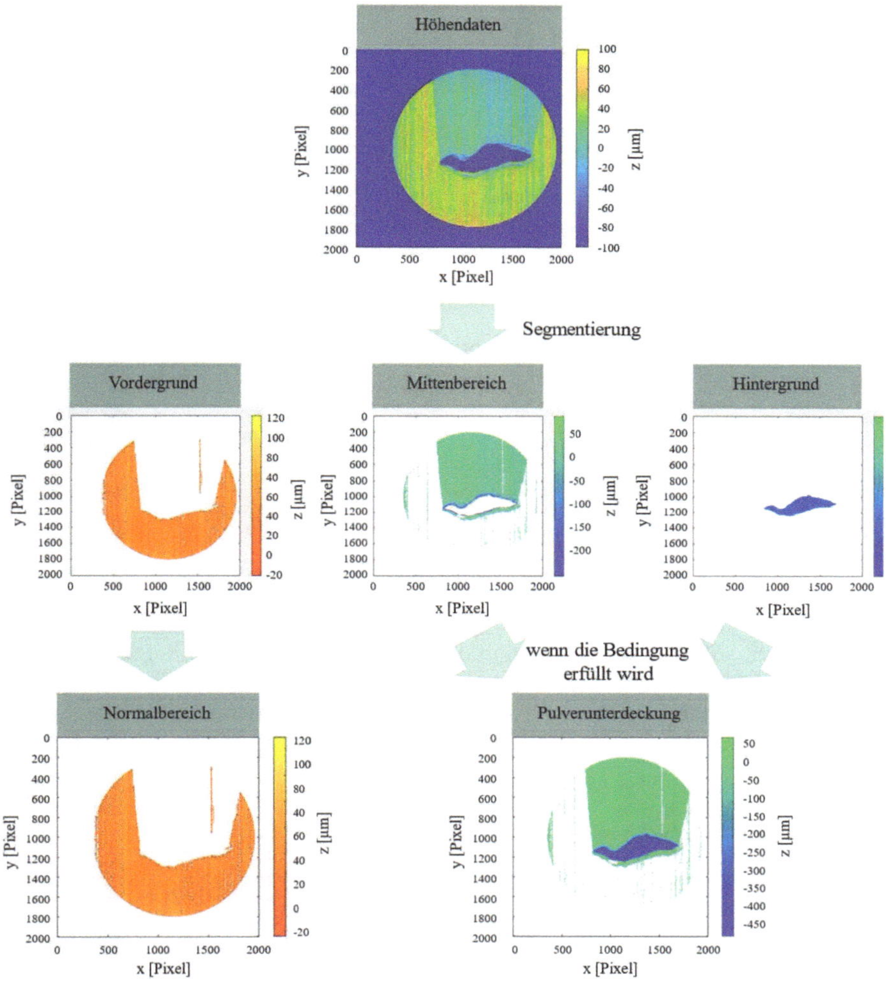

Abbildung 4.10: Beispielhaftes Segmentierungsergebnis in der Erkennung von Defektklasse 1 (Pulverunterdeckung)

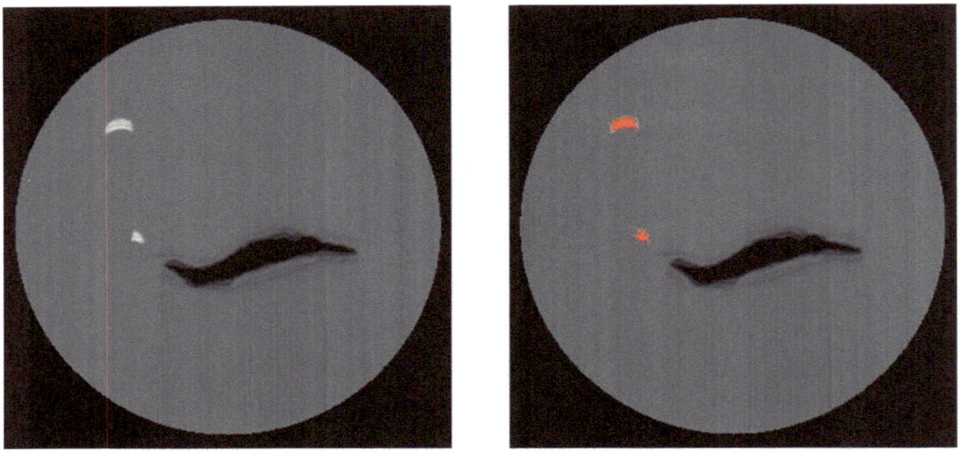

Abbildung 4.11: Beispielhaftes Segmentierungsergebnis in der Erkennung von Defektklasse 2 (Pulverablagerung)

4.2.2.5 Defektklasse 3 bis 5: Detektion durch Oberflächenfiltration

Höhen- und Tiefenstreifen, Rattermarken, Abrisskanten und Formabweichungen weisen die Gemeinsamkeit auf, dass sie einen integralen Anteil der Oberfläche im Pulverbett darstellen, sich jedoch in unterschiedlichen charakteristischen Frequenz- bzw. Wellenlängenbereichen befinden (siehe Tabelle 4.4). Nur die Ausprägung im Auftreten kategorisiert sie als einen zu klassifizierenden Defekt, der die Prozessfähigkeit unter Umständen einschränkt.

Tabelle 4.4: Charakteristische Eigenschaften der Defektklassen 3 bis 5

Frequenzbereich	Höhenprofil relativ zur Schichtauftragsrichtung	Charakteristische Defektklasse
hoch	parallel	Rauheit, Höhen- und Tiefenstreifen
mittel	quer	Rattermarken
tief	parallel, quer	Formabweichungen

Anhand der Oberflächenfiltration können die charakteristischen Anteile im Oberflächenprofil separat voneinander betrachtet werden. Zwei Techniken der Oberflächenfiltration sind der Tiefpassfilter und der Hochpassfilter. Der Tiefpassfilter hat die Funktion wie ein Glättungsfilter, der die tiefen Frequenzen durchlässt und die hohen Frequenzen unterdrückt. Das Ergebnis des Tiefpassfilters wird als gefiltertes W-Profil bezeichnet. Im Gegensatz dazu lässt der Hochpassfilter nur den hochfrequenten Anteil passieren. Der Hochpassfilter erfolgt durch Subtraktion des gefilterten W-Profils vom ungefilterten Profil.

Zur Charakterisierung der Rauheit bzw. Höhen-/Tiefenstreifen wird ein Hochpassfilter, der den Hochfrequenzanteil (R-Profil) mittelbar durch Anwendung eines Tiefpassfilters extrahiert. Diese Methode wird als 1-fach Filtration bezeichnet. In Abbildung 4.13 wird die Funktionsweise der 1-fach Filtration dargestellt, die auf das mittlere horizontale Höhenprofil des gesamten Pulverbetts angewandt wird.

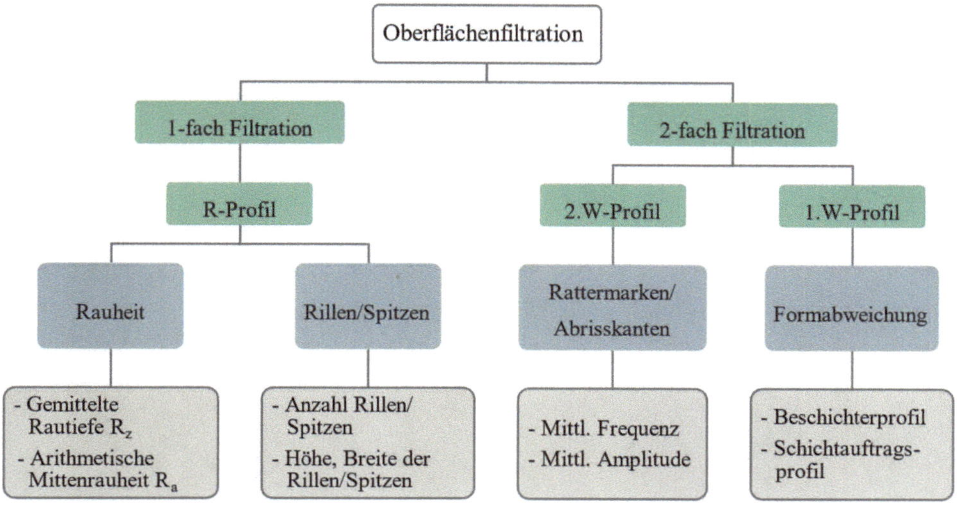

Abbildung 4.12: Schematische Darstellung der Anwendung von Oberflächenfiltration zur Defekterkennung

Bei dem Filter wird eine Grenzwellenlänge benötigt, um den durchlässigen bzw. gesperrten Bereich zu definieren. In Anlehnung an DIN EN ISO 4288 [37] wird eine Grenzwellenlänge für periodische Profile angewandt, die in Abhängigkeit des mittleren Rillenabstands nach Tabelle 4.5 gewählt wird. Beim Schichtauftrag können gravierende Streifen mit einer Breite von bis zu mehreren Millimetern auftreten.

Aus diesem Grund wird eine Grenzwellenlänge λ_C von 8 mm (entspricht etwa 80 Pixel) ausgewählt. Der Tiefpassfilter erfolgt durch eine robuste quadratische Regression als Glättungsfilter mit der gewählten Grenzwellenlänge. Das R-Profil, das sich aus der Differenz des ungefilterten Höhenprofils und dem gefilterten W-Profil ergibt, ermöglicht weiterhin die Auswertung der Rauheit und Detektion von ausgeprägten Streifen.

Tabelle 4.5: Auswahl der Grenzwellenlänge für periodische Profile nach DIN EN ISO 4288 [37]

Mittlerer Rillenabstand RS_m (mm)	Grenzwellenlänge λ_C (mm)	Einzel-/Gesamtmessstrecke(mm)
0,0013 … 0,04	0,08	0,08 / 0,4
0,04 … 0,13	0,25	0,25 / 1,25
0,13 … 0,4	0,8	0,8 / 4
0,4 … 1,3	2,5	2,5 / 12,5
1,3 … 4	8	8 / 40

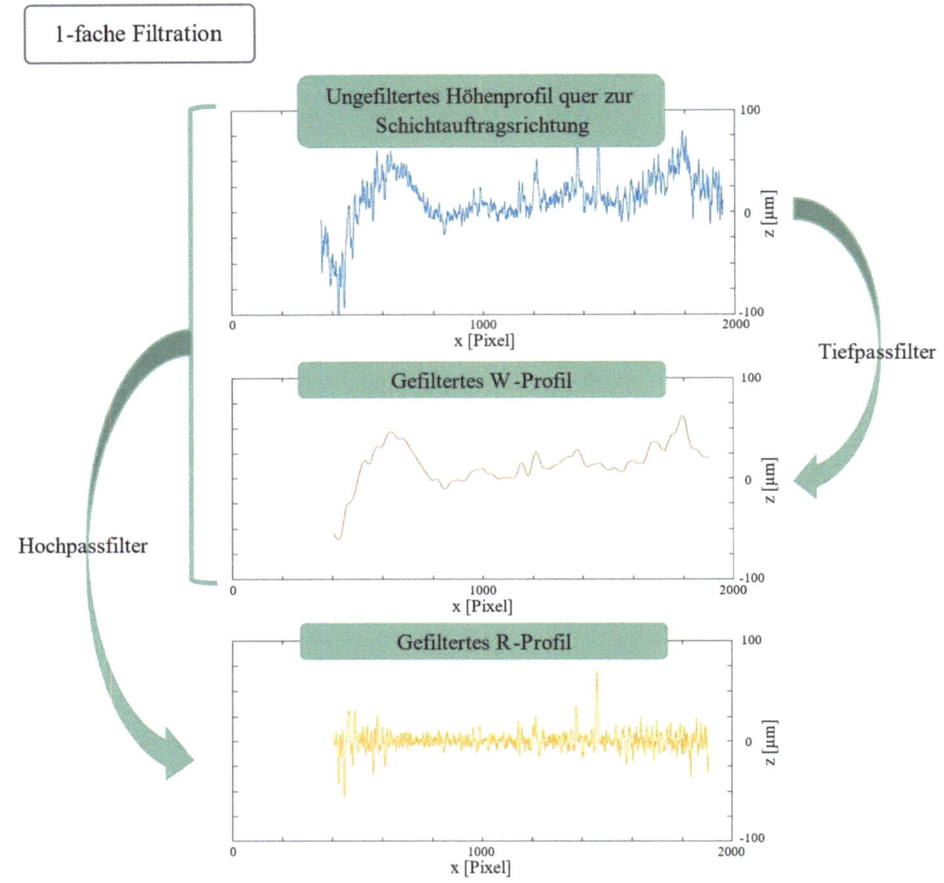

Abbildung 4.13: Prinzip der 1-fach Filtration zur Bestimmung des Rauheitsanteils (R-Profil) der Pulverbettoberfläche

Die Auswertung der Rauheit erfolgt durch die Definition der Rauheitskenngrößen, der gemittelten Rautiefe R_z und dem arithmetischen Mittenrauwert R_a, nach DIN EN ISO 4287 [36]. Die gemittelte Rautiefe R_z in der DIN-Norm ist der Mittelwert aus fünf Einzelrautiefen der Einzelmessstrecken des Profils (Abbildung 4.14). Die Einzelmessstrecke und Gesamtmessstrecke sind ebenfalls in der DIN-Norm definiert (siehe Tabelle 4.5), dabei beträgt die Einzelmesstrecke dem gleichen Betrag wie die Grenzwellenlänge. In dieser Arbeit entspricht die Gesamtmesstrecke über die Pulverbettbreite dem Bauplattformdurchmesser von 170 mm. Bei gewählter Grenzwellenlänge λ_C von 8 mm ergibt sich eine Anzahl von 21 Einzelmessstrecken.

Berechnung der gemittelten Rautiefe R_z:

$$R_z = \frac{1}{n} \sum_{i=1}^{n} R_{zi}$$

R_z: gemittelte Rautiefe

n: Anzahl der Einzelmessstrecken, in dieser Arbeit n=21

R_{zi}: Einzelrautiefe der i-ten Einzelmessstrecke

Berechnung des arithmetischen Mittenrauwert R_a:

$$R_a = \frac{1}{L}\int_0^L |z(x)|\, dx$$

R_a: arithmetischer Mittenrauwert

L: Profillänge

z(x): Höhenwert beim Punkt x

Zur Detektion von Höhen- und Tiefenstreifen werden ausgeprägte Spitzen und Rillen im R-Profil identifiziert. Dabei werden die Höhenwerte, die außerhalb des 1,5-fachen des Interquartilsabstands liegen, als Ausreißer bezeichnet. Die Höhe bzw. Tiefe der detektierten Spitzen und Rillen lässt sich aus dem Betrag des Höhenwerts bestimmen. Die Breite der Streifen ist als halbe Höhe der Spitze / Tiefe der Rille definiert. In Abbildung 4.14 rechts sind im beispielhaften Profil die Höhenstreifen rot und die Tiefenstreifen blau markiert. Die Positionen der Höhen- und Tiefenstreifen werden auf das Pulverbett übertragen und mit der gleichen Farbe gekennzeichnet (siehe Abbildung 4.14 links).

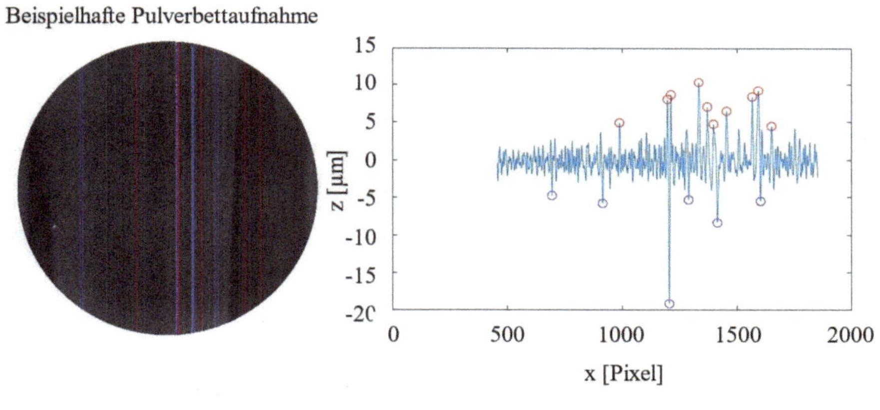

Abbildung 4.14: Detektion von Defektklasse 3 (Höhen- und Tiefenstreifen) im Höhenprofil

In Analogie zur Extraktion der Rauheit unter Anwendung einer 1-fach Filtration wird eine 2-fache Oberflächenfiltration auf das Höhenprofil quer zur Richtung des Schichtauftrags angewandt, um die Welligkeit und Formabweichung vom ungefilterten Profil zu trennen. Die Glättungsfilter (Tiefpassfilter) weisen dabei Grenzwellenlängen von 4 mm und 16 mm auf, um das langwellige Profil (W-Profil 1. Grad), das sich nach der sequentiellen Anwendung der Tiefpassfilter ergibt, als Beschreibung der Formabweichung zu erhalten. Die Differenz zwischen den zwei Profilen, auf die sequentiell die Tiefpassfilter angewandt wurden, ergibt ein kurzwelliges Profil (W-Profil 2. Grad), das sich zur Erkennung der Rattermarken und Abrisskanten eignet.

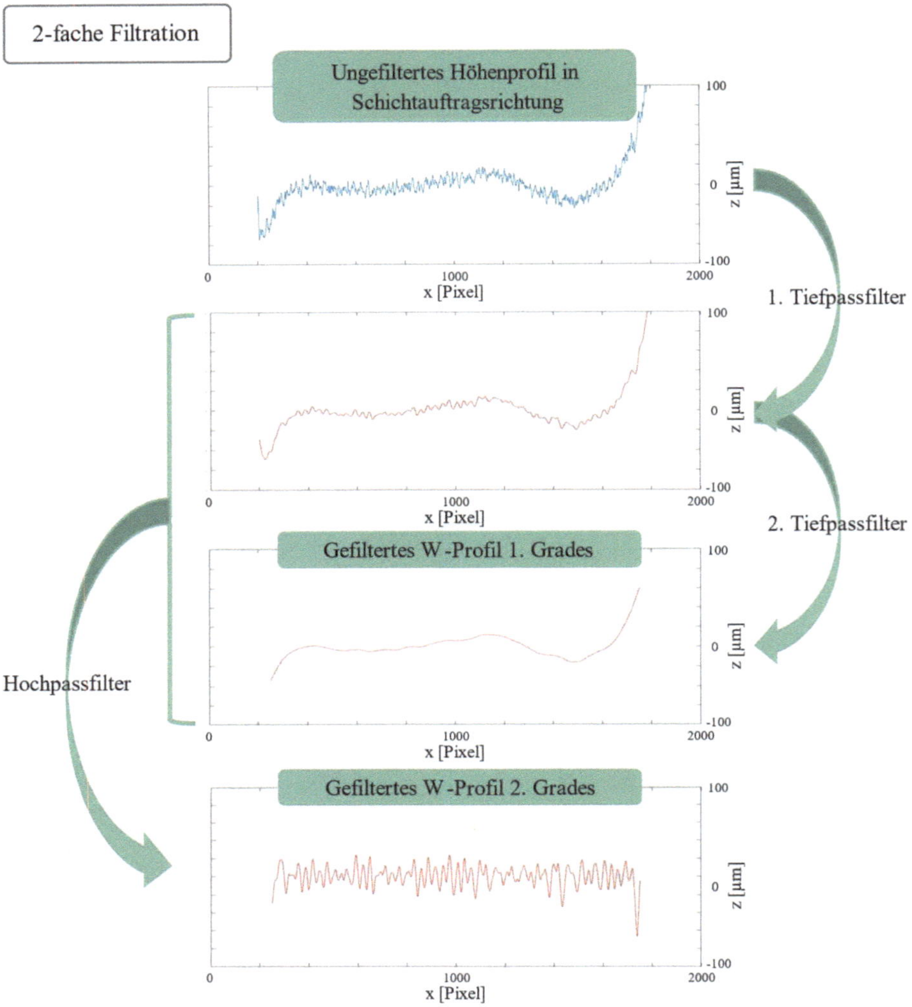

Abbildung 4.15: Prinzip der 2-fach Filtration für die Detektion von Defektklasse 4 der Welligkeit und Formabweichung der Oberfläche

Eine erhöhte Amplitude und Frequenz im W-Profil 2. Grades sind charakteristisch für Rattermarken und Abrisskanten. In der Abbildung 4.16 ist beispielhaft eine Pulverschicht mit vielen flach ausgeprägten Rattermarken und im Vergleich eine Pulverschicht ohne Rattermarken zu sehen.

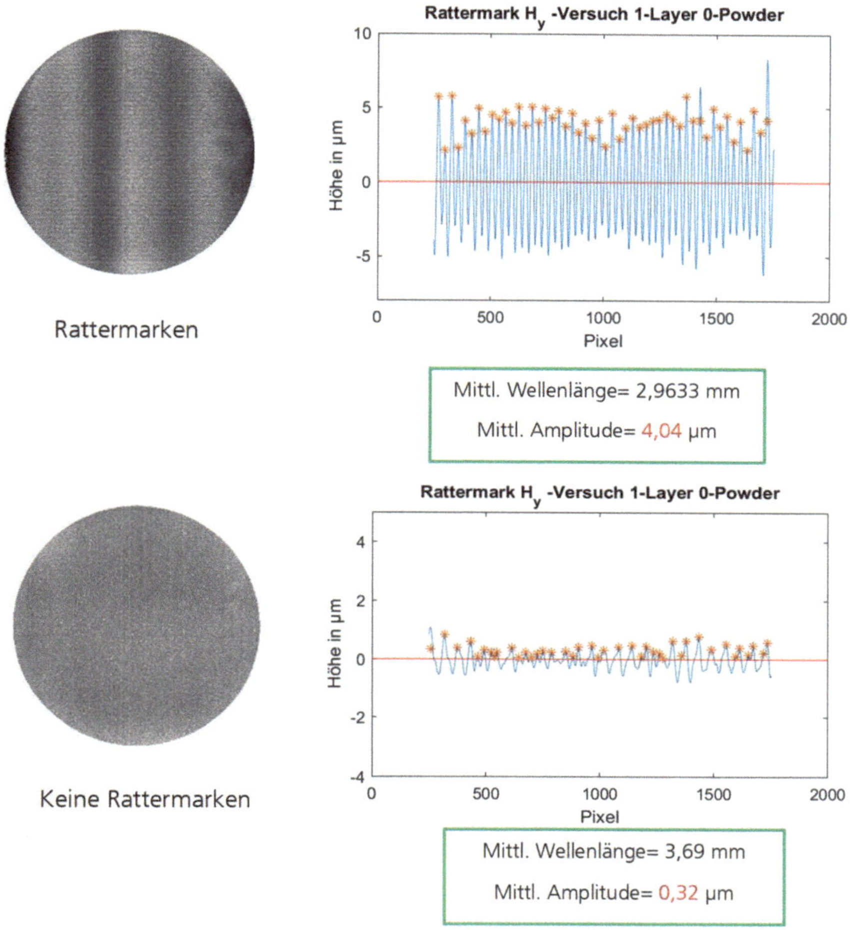

Abbildung 4.16: Detektion von Defektklasse 4 (Rattermarken) im vertikalen Höhenprofil

4.2.3 Einstufung von Schichtauftragsfehlern

In Tabelle 4.6 wird eine Übersicht der charakteristischen Kennwerte der jeweiligen Defektklassen dargestellt, die die Ausgabedaten der automatisierten Bilderkennung wiedergeben. Die Kennwerte der einzelnen Defektklassen werden genutzt, um eine Einstufung der Defekte anhand eines Rankingfaktors zu definieren. Die Einstufung der erkannten Defekte erfolgt damit einer einheitlichen Regel zur Bewertung der Kritikalität, entsprechend der Ausprägung des Defektes.

Tabelle 4.6. Charakteristische Kennwerte der Defektklassifikation

Nr.	Defektklasse	Kennwerte
1	Pulverunterdeckung	Flächenanteil A_{ratio} Höhenmittelwert h_{mean}
2	Pulverablagerung	Flächenanteil A_{ratio} Höhenmittelwert h_{mean}
3	Höhen- und Tiefenstreifen	Anzahl Rillen n_r/ Spitzen n_s Mittlere Höhe h_{mean} und mittlere Breite b_{mean} der Streifen
4	Rattermarken, Abrisskanten	Mittlere Frequenz F_m Mittlere Amplitude A_m
5	Formabweichung	Profil des Schichtauftragselements Schichtauftragsprofil entlang Auftragsrichtung
-	Rauheit als generelle Oberflächeneigenschaft	Gemittelte Rautiefe R_z Arithmetischer Mittenrauwert R_a

Die Rankingfaktoren für die unterschiedlichen Defektklassen sind in Tabelle 4.7 definiert.

Tabelle 4.7: Definition der Rankingfaktoren für die Defektklassen 1 bis 5

Defektklasse	Berechnungsformel	Parameterdefinition
1, 2	$t = A_{ratio} \cdot \frac{h_{mean}}{D_s}$	t: Rankingfaktor A_{ratio}: Defektflächenanteil h_{mean}: Höhenmittelwert der Defektfläche D_s: Schichtdicke
3	$t = \frac{n \cdot h_{mean} \cdot b_{mean}}{L \cdot R_a}$	t: Rankingfaktor n: Anzahl Spitzen / Rillen h_{mean}: Mittlere Höhen der Spitzen / Rillen b_{mean}: Mittlere Breite der Spitzen / Rillen L: Profillänge R_a: Arithmetischer Mittenrauwert
4	$t = k_1 . F_m + k_2 . A_m$	t: Rankingfaktor k_1, k_2: Gewichtungsfaktoren F_m: Mittlere Frequenz A_m: Mittlere Amplitude
5	Direkte Verwendung des mittleren W-Profils 1. Grades	-

Die Zusammensetzung der mittleren Frequenz und der mittleren Amplitude bildet den Rankingfaktor für die Rattermarken und die Abrisskanten. Die Auswahl der Gewichtungsfaktoren erfolgt durch die Annahme, dass wenige tiefe Rattermarken bzw. Abrisskanten prozesskritischer als eine Vielzahl an flachen Rattermarken bzw. Abrisskanten sind. Die ausgewählten Gewichtungsfaktoren sind $k_1 = 0{,}3$ für die Frequenz und $k_2 = 0{,}7$ für die Amplitude.

Für die Formabweichung wird kein Rankingfaktor definiert, sondern das mittlere W-Profil 1. Grades in Beschichtungsrichtung und quer zur Beschichtungsrichtung verwendet.

Rangskala der Kritikalität

Mit Hilfe einer Ranking-Funktion werden die Defekte auf einer vordefinierten Skala abgebildet und in Vergleich gesetzt. Der Einfachheit halber wird eine Rangskala für die Bewertung der Kritikalität von 0 bis 10 verwendet, wobei der zunehmend kritische Einfluss eines Defekts auf den Fertigungsprozess dem ansteigenden Rang entspricht. Es wird eine Logarithmusfunktion für die Ranking-Funktion gewählt, da die Sensitivität im niedrigen Skalenbereich höher ausfällt. Einem Anstieg des Rankings im niedrigen Skalenbereich kommt eine signifikantere Bedeutung in Bezug auf den Prozesseinfluss zu, als es im höheren Skalenbereich der Fall ist.

$$Rang_{log}(t) = 5 \times log(t) \qquad \forall\, t \in \{1{,}100\}$$

t: Rankingfaktor

Vor der Ermittlung des Rangs müssen die defektklassenspezifischen Rankingfaktoren *t* in den Wertebereich von {1, 100} der Logarithmusfunktion skaliert werden. Die Skalierung wird für jede Defektart einzeln durchgeführt. Dabei wird das gesamte Spektrum der Rankingfaktoren einer Defektklasse aus allen Schichten der Grundgesamtheit gebildet. Das Minimum und das Maximum des Rankingfaktors definieren dabei den zu skalierenden Bereich.

Tabelle 4.8: Zuordnung der Kritikalitätsstufen zu den Defektklassen nach [62]

Nr.	Defektklasse	Kritikalitätsklassifizierung		
		niedrig	neutral	hoch
1	Pulverunterdeckung	< 0,01	0,01 ≤ … ≤ 5	> 5
2	Pulverablagerung	< 0,01	0,01 ≤ … ≤ 5	> 5
3	Höhen- und Tiefenstreifen	< 6	6 ≤ … ≤ 8	> 8
4	Rattermarken/Abrisskanten	< 3	3 ≤ … ≤ 5	> 5
-	Rauheit	< 4	4 ≤ … ≤ 7	> 7

Die Anwendung der entwickelten Algorithmen zur Defekterkennung und die Methode zur Defektklassifikation wird für jede gemessene Schicht durchgeführt. Die Ergebnisse lassen sich tabellarisch darstellen (siehe Abbildung 4.17, oben). Die Tabelle gibt eine Aussage über die identifizierten Defekte und deren Kritikalität in jeder einzelnen Schicht für eine jede Parameterkombination. Hierbei wird die Defektklasse 5 (Formabweichung) nicht betrachtet, da sich in den Untersuchungen herausstellte, dass die Formabweichung (Abweichung der Ebenheit der Pulverbettoberfläche) vielmehr eine stetige Charakteristik als einen Defekt darstellt. Diese Charakteristik wird in der automatisierten Auswerteanalytik weiterhin erfasst und dokumentiert, ein Vergleich zwischen den Parameterkombinationen erfolgt nicht.

Um eine generelle Aussage über die Defektanfälligkeit einer Parameterkombination treffen zu können, wird der gemittelte Rang einer Defektklasse aller gemessenen Schichten errechnet und als Rang der Defektklasse für diese Parameterkombination verwendet (siehe Abbildung 4.17, unten). Dies wird damit begründet, dass zufällig auftretende Einzeldefekte durchaus kritisch sein können, die allgemeinen Ergebnisse von diesen zufälligen Fehlern aber nicht übermäßig beeinflusst werden dürfen. Die generelle Neigung einer Parameterkombination zur Defektanfälligkeit erscheint von höherem Interesse für die Beurteilung der Pulverbettqualität. Kritische Einzeldefekte, die detektiert werden, müssen in jedem Fall individuell betrachtet werden und es muss unter Umständen durch einen Prozesseingriff auf diese reagiert werden (Closed-loop-Regelung).

Einzelschichten			Log-Ranking					
Parameter	Versuch	Schicht	Unterdeckung	Ablagerung	Rauheit	Rillen	Spitzen	Rattermark
U_C_30_100	V1	0	0	0	9	7	7	2
		3	0	0	9	7	7	3
		6	0	0	9	7	7	3
		9	0	0	9	7	6	2
		12	0	0	9	7	7	3
		15	0	0	9	6	6	3
		18	0	0	9	7	6	3
		21	0	0	9	7	7	2
		24	0	0	9	7	7	2
	V2	0	0	0	9	7	7	2
		3	0	0	9	7	7	3
		6	0	0	9	6	7	3
		9	0	0	9	6	7	3
		12	0	0	9	6	7	2
		15	0	0	9	6	7	2
		18	0	0	9	7	7	2
		21	0	0	9	7	7	3
		24	0	0	9	5	7	2
	V3	0	0	0	9	6	6	2
		3	0	0	9	6	7	3
		6	0	0	9	6	7	3
		9	0	0	9	7	7	2
		12	0	0	9	7	7	3
		15	0	0	9	5	7	2
		18	0	0	9	5	7	2
		21	0	0	9	5	7	2
		24	0	0	9	5	7	3

Gemittelte Betrachtung

Parameterkombinationen	Log-Ranking					
Parameter	Unterdeckung	Ablagerung	Rauheit	Rillen	Spitzen	Rattermark
U_C_30_100	0,00	0,00	9,00	6,33	6,85	2,48
U_C_30_150	0,00	0,00	9,00	6,89	6,19	2,89
U_C_30_200	0,00	0,00	9,15	7,63	5,67	3,30
U_C_30_250	0,00	0,00	9,07	8,15	5,70	3,11
U_C_30_300	0,07	0,00	9,00	8,33	6,44	3,19
U_C_30_350	0,00	0,00	9,00	7,00	4,00	3,89
U_C_30_400	0,00	0,00	9,00	7,15	2,48	4,52
U_C_30_450	0,00	0,00	9,33	3,15	5,15	4,00
U_C_30_500	0,15	0,07	10,00	7,11	3,74	3,59
U_C_60_100	0,00	0,00	7,04	6,33	6,26	2,26
U_C_60_150	0,00	0,00	8,00	7,07	6,00	3,00
U_C_60_200	0,00	0,00	8,00	7,93	4,56	3,56
U_C_60_250	0,00	0,00	8,00	8,19	5,52	3,56
⋮						

Abbildung 4.17: Defektklassifikation mit gemitteltem Rang der Kritikalität am Beispiel der Parameterkombination U_C_30_100 (unidirektional, Kohlenstofffaserbürste, 30 µm Schichtdicke, 100 mm/s Schichtauftragsgeschwindigkeit)

4.2.4 Ermittlung der Prozessfähigkeit

Die Datenanalyse innerhalb einer Versuchsreihe, zur Untersuchung einer Parameterkombination, erfolgt in drei Stufen (siehe Abbildung 4.18):

Innerhalb einer Schichtaufnahme

Die Schwankung der Höhendaten um den Schichtmittelwert (Standardabweichung der Höhendaten) beschreibt die Homogenität des Pulverbetts in der jeweiligen Schicht. Außerdem werden das durchschnittliche vertikale Höhenprofil und das durchschnittliche horizontale Höhenprofil ausgegeben (Formabweichung).

Innerhalb eines Versuches

Durch die Verteilung der Schichtmittelwerte innerhalb eines Versuchs lässt sich die mittlere Schichthöhe und die Standardabweichung der Schichtmittelwerte errechnen. Diese Werte ergeben die Information, wie wiederholbar die schichtweisen Kennwerte des Pulverbetts in einem Versuch reproduziert werden. Weiterhin wird auch die Verteilung der Gesamthöhendaten betrachtet. Die Standardabweichung der Verteilung der Gesamthöhendaten kann zur Auswertung der Prozessstabilität innerhalb des Versuchs genutzt werden.

Wiederholte Versuche

Hierbei werden die mittlere Standardabweichung der Höhendaten einzelner Schichten, die Standardabweichung der Schichtmittelwerte über alle Versuche sowie die Standardabweichung der Gesamthöhendaten über alle Versuche ermittelt. Diese drei Kennwerte werden zur Definition der Prozessfähigkeit einer Parameterkombination verwendet.

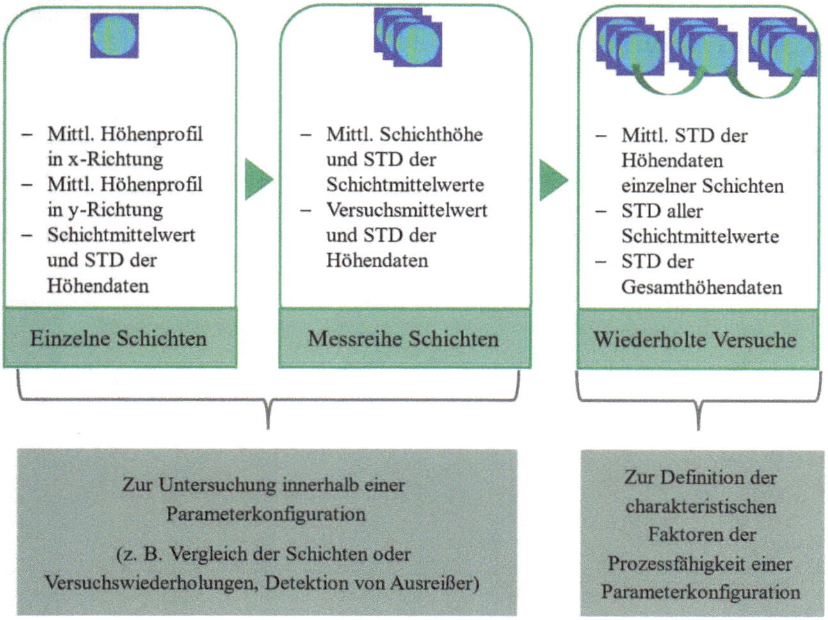

Abbildung 4.18: Datenanalyse zur Bestimmung der Prozessfähigkeit einer Parameterkombination

Zum Vergleich der Prozessfähigkeit zwischen verschiedenen Parameterkombinationen werden drei charakteristische Faktoren definiert:

Homogenitätsfaktor H

Die Standardabweichung der Höhendaten innerhalb einer Schicht ist charakteristisch für die Homogenität der Schicht. Zur Bewertung der Fähigkeit, wie homogen eine Parameterkombination die Schichten erzeugt, wird der Homogenitätsfaktor als mittlere Standardabweichung der Höhendaten aller einzelnen Schichten in einer Parameterkombination definiert:

$$H = \frac{1}{n}\sum_{i=1}^{n} s_i$$

H: Homogenitätsfaktor

n: Anzahl der Schichten (Summe aller Wiederholungsversuche, wenn mehr als ein Versuch vorhanden ist) einer Parameterkombination

s_i: Standardabweichung der Höhendaten in der i-ten Schicht

Prozessstabilitätsfaktor P

Die Prozessstabilität lässt sich als Schwankungsanfälligkeit der Gesamthöhendaten (Höhenwerte aller Pixel) in der Grundgesamtheit der Parameterkombination beschreiben. Bei der Betrachtung von Gesamthöhendaten ist die Oberflächencharakteristik (Rauheit, Wellen) in der Prozessstabilität beinhaltet. Der Prozessstabilitätsfaktor wird von der Standardabweichung der Gesamthöhendaten einer Parameterkombination bestimmt. Je größer der Prozessstabilitätsfaktor (höhere Standardabweichung) ausfällt, als desto instabiler ist die zugehörige Parameterkombination zu bewerten.

Reproduzierbarkeitsfaktor R

Bei der Reproduzierbarkeit einer Parameterkombination handelt es sich um die Schwankungsanfälligkeit aller Schichtmittelwerte in der Grundgesamtheit einer Parameterkombination. Diese wird durch die Standardabweichung aller Schichtmittelwerte in der Grundgesamtheit dargestellt. Eine hohe Standardabweichung bzw. ein hoher Reproduzierbarkeitsfaktor deutet auf eine geringe Reproduzierbarkeit der Schichtauftragsqualität hin.

Tabelle 4.9: Zuordnung der Einstufung zu den Prozessfähigkeitsfaktoren nach [62]

Prozessfähigkeitsfaktoren	hoch	neutral	niedrig
Homogenitätsfaktor H	$0 < H \leq 15$	$0 < H \leq 15$	$H > 20$
Prozessstabilitätsfaktor P	$0 < P \leq 15$	$0 < P \leq 15$	$P > 20$
Reproduzierbarkeitsfaktor R	$0 < R \leq 15$	$0 < R \leq 15$	$R > 6$

4.2.5 Software für die Qualitätsprüfung

Die automatisierte Pulverbettanalyse wurde vollständig in der Software Matlab entwickelt und als ausführbares Programm mit eigener Benutzeroberfläche implementiert [40]. Die Software eröffnet die Analyse der Pulverbettaufnahmen des Messsystems SL3D für Einzelschichten, Stapelaufnahmen und Versuchsreihen hinsichtlich der Prozessfähigkeit (Homogenitätsfaktor *H*, Prozessstabilitätsfaktor *P*, Reproduzierbarkeitsfaktor *R*) und der Defektbehaftung (Ranking der Kritikalität von Defektklasse 1 bis 4 sowie der Oberflächenrauheit) aus Abschnitt 4.2.

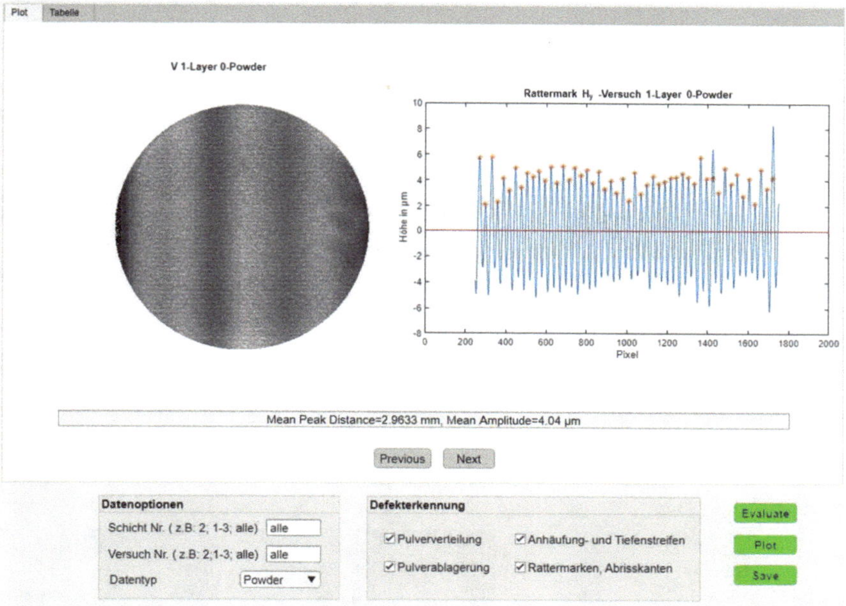

Abbildung 4.19: Benutzeroberfläche der Software zur Pulverbettanalyse: Grafische Darstellung (Plot) der Defekterkennung in der Einzelschicht

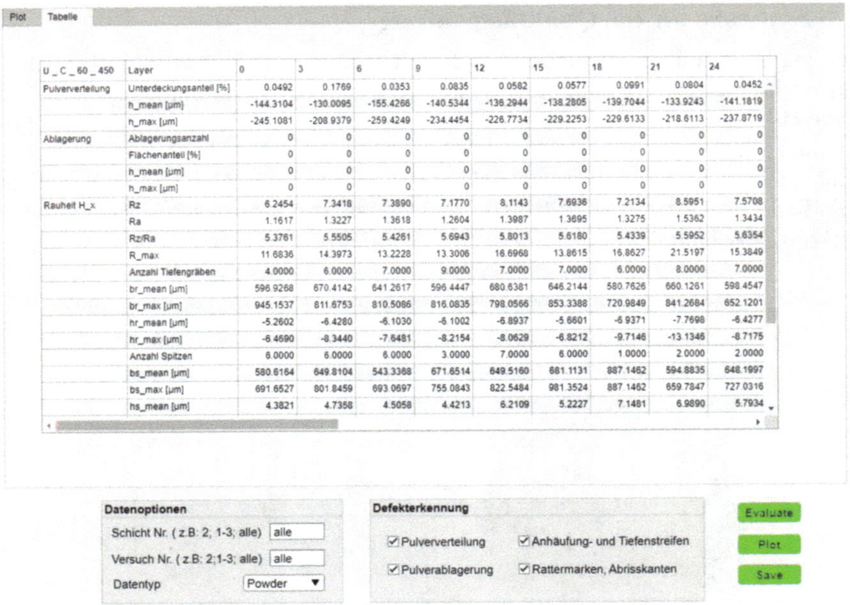

U _ C _ 60 _ 450	Layer	0	3	6	9	12	15	18	21	24
Pulververteilung	Unterdeckungsanteil [%]	0.0492	0.1769	0.0353	0.0835	0.0582	0.0577	0.0991	0.0804	0.0452
	h_mean [µm]	-144.3104	-130.0095	-155.4266	-140.5344	-136.2944	-138.2805	-139.7044	-133.9243	-141.1819
	h_max [µm]	-245.1081	-208.9379	-259.4249	-234.4454	-226.7734	-229.2253	-229.6133	-218.6113	-237.8719
Ablagerung	Ablagerungsanzahl	0	0	0	0	0	0	0	0	0
	Flächenanteil [%]	0	0	0	0	0	0	0	0	0
	h_mean [µm]	0	0	0	0	0	0	0	0	0
	h_max [µm]	0	0	0	0	0	0	0	0	0
Rauheit H_x	Rz	6.2454	7.3418	7.3890	7.1770	8.1143	7.6936	7.2134	8.5951	7.5708
	Ra	1.1617	1.3227	1.3618	1.2604	1.3987	1.3695	1.3275	1.5362	1.3434
	Rz/Ra	5.3761	5.5505	5.4261	5.6943	5.8013	5.6180	5.4339	5.5952	5.6354
	R_max	11.6836	14.3973	13.2228	13.3006	16.6968	13.8615	16.8627	21.5197	15.3849
	Anzahl Tiefengräben	4.0000	6.0000	7.0000	9.0000	7.0000	7.0000	6.0000	8.0000	7.0000
	br_mean [µm]	596.9268	670.4142	641.2617	596.4447	680.6381	646.2144	580.7626	660.1261	598.4547
	br_max [µm]	945.1537	811.6753	810.5086	816.0835	798.0566	853.3388	720.9849	841.2684	652.1201
	hr_mean [µm]	-5.2602	-6.4280	-6.1030	-6.1002	-6.8937	-5.6601	-6.9371	-7.7698	-6.4277
	hr_max [µm]	-6.4690	-8.3440	-7.6481	-8.2154	-8.0629	-6.8212	-9.7146	-13.1346	-8.7175
	Anzahl Spitzen	6.0000	6.0000	6.0000	3.0000	7.0000	6.0000	1.0000	2.0000	2.0000
	bs_mean [µm]	580.6164	649.8104	543.3368	671.6514	649.5160	681.1131	887.1462	594.8835	648.1997
	bs_max [µm]	691.6527	801.8459	693.0697	755.0843	822.5484	981.3524	887.1462	659.7847	727.0316
	hs_mean [µm]	4.3821	4.7358	4.5058	4.4213	6.2109	5.2227	7.1481	6.9890	5.7934

Abbildung 4.20: Benutzeroberfläche der Software zur Pulverbettanalyse: Kennwerttabelle der Defekterkennung für eine Parameterkombination

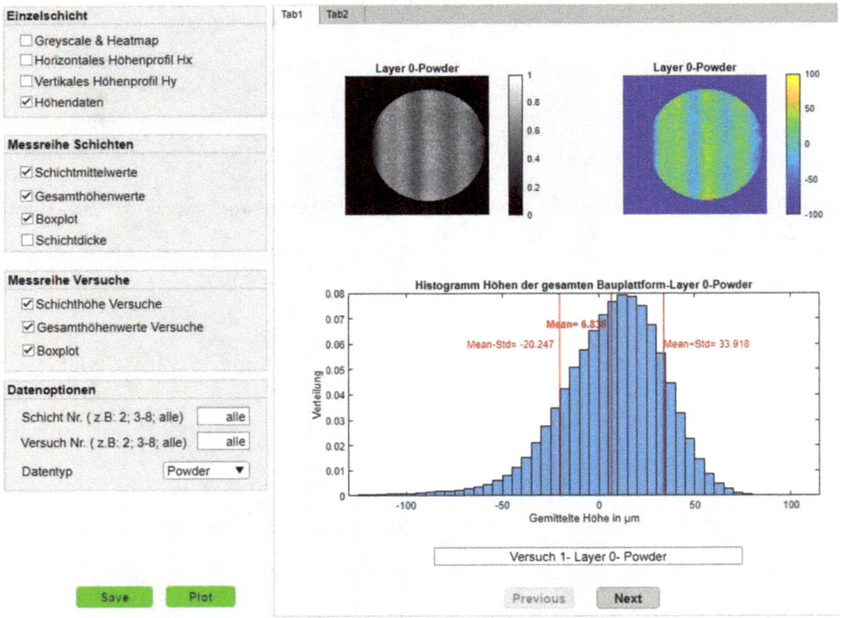

Abbildung 4.21: Benutzeroberfläche der Software zur Pulverbettanalyse: Histogramm der Höhendatenanalyse für Einzelschichten, Messreihen und Versuchsreihen

4.3 Pulverbettprüfstand

Wenn auch das Grundprinzip der Fertigung im Verfahren des selektiven Laserschmelzens durch die unterschiedlichen Anlagenhersteller auf ähnliche Weise abgebildet wird, so nutzt jeder Hersteller von PBF-LB/M-Fertigungsanlagen unterschiedliche Konfigurationen an Komponenten. Im Pulverschichtauftrag betrifft dies das Prinzip der Pulverzustellung, das Prinzip des Pulverauftrags (Beschichter) und das zum Einsatz kommende schichtauftragende Element.

Um die Pulverbettqualität im Pulverschichtauftrag unabhängig von Hersteller und Modelltyp einer PBF-LB/M-Fertigungsanlage sowie für alle prioritären Auftragsprinzipien untersuchen zu können, wird ein Pulverbettprüfstand entwickelt, der alle möglichen Kombinationen der Prinzipien und Komponenten in sich vereint. Zudem ist der Prüfstand derart ausgelegt, dass das Messsystem SL3D ohne Modifikationen eingesetzt werden kann.

4.3.1 Konstruktive Umsetzung

Die konstruktive Umsetzung des Pulverprüfstands erfolgt als Neuentwicklung am Fraunhofer IAPT [38, 54, 58]. Die wesentlichen Anlagenkomponenten sind in Tabelle 4.10 angeführt. Die Einbindung des Messsystems SL3D erfolgt über den vorhandenen Hardware-Trigger. Eine modulare Anlagensteuerung, die über die SIMATIC STEP 7 Engineering Software implementiert ist, eröffnet die Art und Abfolge der sequentiellen Funktionen im Schichtauftrag und der Pulverbettmessung.

Tabelle 4.10: Wesentliche Anlagenkomponenten des Pulverbettprüfstands

Anlagenkomponente	Hersteller / Produkt
Antriebstechnik (Motoren / Motorentreiber)	JAT ECOSPEED 110D33 / ECOVARIO 414 / Riementrieb (Beschichter)
	JAT ECOSTEP 34S501 / ECOVARIO 414 (Hubsysteme)
	Igus NEMA 17 AS4118L1804-E / Nanotec CL3-E-1-0F (Pulverdosierung)
Hubzylinder	Hochleistungs-Spindelhubgetriebe HS 10 von Atlanta GmbH
Messtechnik	Glasmessstab Sino KA200-340 / Lichtschranke Panasonic PM-L25
Speicherprogrammierbare Anlagensteuerung	Siemens SPS SIMATIC ET 200SP
Programmierung / UI	Siemens SIMATIC STEP 7 Engineering Software (TIAPortal)
Bedienelement	Touchscreen-Panel Siemens SIMATIC HMI TP700 Comfort

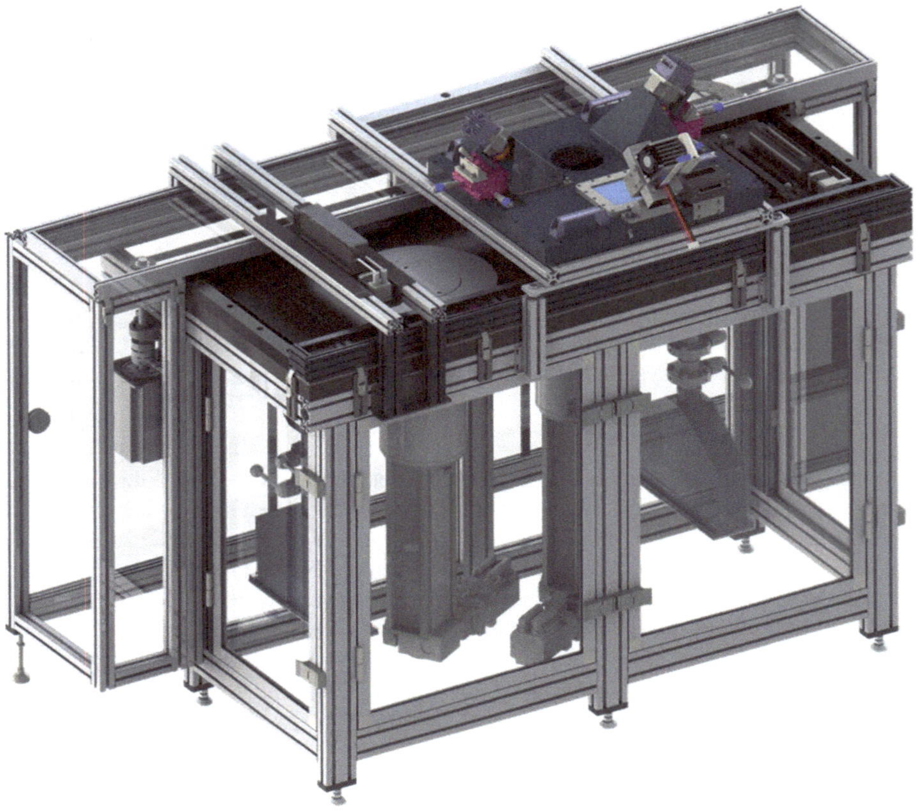

Abbildung 4.22: 3D-CAD-Darstellung des entwickelten Pulverbettprüfstands mit integriertem Messsystem SL3D [54]

Der Pulverbettprüfstand in Kombination mit dem Messsystem SL3D, abgebildet in Abbildung 4.22, wird für alle Ex-situ-Versuche im Rahmen der Untersuchungen der Einflüsse von Schichtauftragsprinzip, -geschwindigkeit, -element und Schichtdicke auf die Pulverbettqualität zum Einsatz gebracht.

4.3.2 Kalibrierung und Genauigkeitsanalyse

Die Kalibrierung, Ermittlung der Systemgenauigkeit und Funktionsvalidierung des prototypischen Pulverbettprüfstands wurde ausführlich durch Dorbandt in [38] ermittelt und wird anhand der technischen Kenndaten in Tabelle 4.11 zusammengefasst.

Tabelle 4.11: Technische Kenndaten des Pulverprüfstands nach [38]

Eigenschaft	Wert
Schichtauftragsprinzipien	Unidirektional (uni), Bidirektional (bi)
Pulverbevorratung	Reservoir (unidirektional), Mitfahrender Behälter (uni- und bidirektional), stationärer Behälter (unidirektional)
Zustellgeschwindigkeit der Dosiermodule	7,7 Nuten/s
Maximale Beschichtergeschwindigkeit	3.500 mm/s
Maximale Beschichterbeschleunigung	8.000 mm/s²
Montierbare Schichtauftragselemente	Elastomerklinge Keramikklinge Kohlenstofffaserbürsten Stahlklinge
Überwachungssysteme	Höhenposition der Plattformen (Glasmessstab), Schichtauftragsgeschwindigkeit (Motorencoder), Zustellung Dosiermodul (Motorencoder), Pulverschichtauftrag (SL3D)
Durchmesser Bauplattform	170 mm
Bauraum- und Reservoirhöhe	300 mm
Maximale Hubsystemgeschwindigkeit	15 mm/s
Maximale Hubsystembeschleunigung	6.500 mm/s²
Schrittauflösung Hubsysteme	1 µm
Unidirektionale Widerholgenauigkeit der Hubsysteme	± 2 µm
Bidirektionale Wiederholgenauigkeit der Hubsysteme	± 2 µm
Wiederholgenauigkeit der Referenzierung der Hubsysteme	1 µm
Neigen, Gieren, Rollen und Verschieben der Hubsysteme	Geringer als die Messgenauigkeit von SL3D
Betriebsspannung	3-phasig 230 V (CEE-Anschluss)

4.4 PBF-LB/M-Forschungsanlage AconityLAB

Für die in Kapitel 5 beschriebenen In-situ-Versuche wird die modifizierte PBF-LB/M-Forschungsanlage AconityLAB vom Hersteller Aconity3D GmbH verwendet (siehe Abbildung 4.23). Die Anlage ist mit einer am Fraunhofer IAPT entwickelten optischen Bank und einem Nd:YAG-Faserlaser FL1000R des Herstellers Coherent Corp. ausgestattet. Für die Integration des Messsystems SL3D wurde ein zusätzlicher Prozesskammerdeckel mit modifizierter Laserschutzeinhausung entwickelt. Die technischen Spezifikationen der Anlage sind Tabelle 4.12 zu entnehmen.

Tabelle 4.12: Technische Spezifikationen der Forschungsanlage AconityLAB der Aconity3D GmbH am Fraunhofer IAPT [1]

Eigenschaft	Wert
Bauraumdimensionen	Ø 170 mm × H 200 mm
Pulverschichtstärke	Mindestens 10 µm
Schichtauftragsgeschwindigkeit	bis 350 mm/s
Vorheiztemperatur der Bauplattform	bis 500 °C
Schutzgas	Argon
Laserstrahlquelle	Coherent FL1000R (Nd:YAG)
Laserwellenlänge	1064 nm bis 1074 nm
Laserleistung	Bis 1.000 W (single mode)
Laserstrahlform	Gaußförmige Intensitätsverteilung
Laserstrahl-Fokusdurchmesser in Arbeitsebene	≥ 87 µm
Sauerstoffanteil unter Schutzgas	< 100 ppm
Scangeschwindigkeit	bis 4 m/s
Konfiguration der Optik	3D-Optik von Scanlab (2D-Galvanoscanner intelliScan 40 + 1D motorisierte Fokusoptik VarioScan 30)
Arbeitsdruck in der Baukammer	100 mbar

Das HTML5-Skript der Anlagensteuerung der AconityLAB wird durch einen Aktivierungsbefehl und einen Wartebefehl im sequenziellen Prozessablauf erweitert, die den Zeitpunkt der Einzelmessung festlegen lassen, als auch den Prozessablauf für die Dauer der Messung pausiert.

Abbildung 4.23: Modifizierte PBF-LB/M-Forschungsanlage AconityLAB der Aconity3D GmbH mit integriertem und aktiviertem Messsystem SL3D

Die Forschungsanlage AconityLAB wird in Kombination mit dem Messsystem SL3D für alle In-situ-Versuche zur Validierung der vorangegangen Ex-situ-Versuche zur Pulverbettqualität zum Einsatz gebracht. Zudem werden Untersuchungen zum Funktionsspektrum von SL3D im laufenden Fertigungsprozess durchgeführt, die in den Arbeiten von Brummerloh et. al [17], Khan [66], Brummerloh [16] und Karouta [64] thematisiert werden. Eine Übersicht dieser Funktionen findet sich in Abbildung 6.5.

4.5 Pulvermaterial AlSi10Mg

Für alle durchgeführten Untersuchungen im Rahmen dieser Arbeit wird chargenreines Pulvermaterial AlSi10Mg EN-AC 43000 (Partikelabmessung 20-63 µm, sphärisch, Los 0758/2/5) vom Hersteller ECKART TLS GmbH verwendet. Alle Aluminiumpulversorten des Herstellers werden durch Inertgasverdüsung hergestellt, wodurch ein hochwertiges, sphärisches und kontaminationsfreies Pulvermaterial entsteht (siehe Abbildung 4.24).

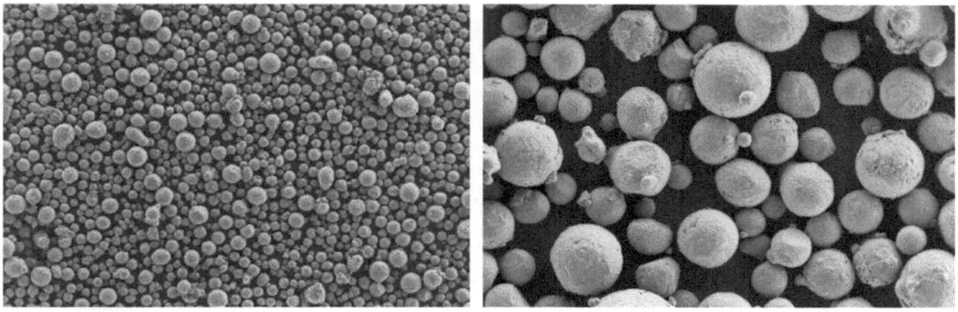

100 µm   10 µm

Abbildung 4.24: Mikroskopieaufnahmen von Aluminiumpulver des Herstellers ECKART TLS GmbH [42]

Die Spezifikationen und Eigenschaften der Charge des verwendeten Pulvers sind in Tabelle 4.13 und Tabelle 4.14 festgehalten.

Tabelle 4.13: Chemische Zusammensetzung (Schmelzanalyse) [42]

	Al	Si	Mg	Fe	Cu	Zn	Ti	Mn	Ni	Pb	Sn
Gew. %	bal.	9,86	0,32	0,16	0,05	< 0,005	0,009	< 0,005	0,005	< 0,005	< 0,005

Tabelle 4.14: Partikelgrößenverteilung und Pulvereigenschaften [42]

	Pulverpartikelverteilung [µm]			Pulvereigenschaften		
	D(10)	*D(50)*	*D(90)*	Fließfähigkeit	Dichte	Sphärizität
20-63 µm	24,92	40,12	60,43	≥ 25s/50g	≥ 1,3 g/cm^3	≥ 0,94

Partikelgrößenverteilung nach ASTM B822, Fließfähigkeit und Dichte nach ASTM B964 und ASTM B417, Sphärizität nach ISO 9276-6 (Mittelwerte ermittelt via Bildanalyse nach ISO 13322-2) [42]

4.6 Versuchsplanung

Die Versuchsplanung gliedert sich in einen zweistufigen Ansatz.

In Ex-situ-Versuchen auf dem Pulverbettprüfstand werden die Einflüsse der prioritären Schichtauftragsparameter untersucht, bewertet und in Vergleich gesetzt, um unter der Zielsetzung der Steigerung der Produktivität vorteilhafte Parameterkombinationen zu identifizieren. Zudem wird die dadurch akquirierte Datengrundlage genutzt, um die Schwellwerte in der Bilddatenanalyse fortlaufend zu optimieren. In anschließenden In-situ-Versuchen in Baujobs auf der PBF-LB/M-Forschungsanlage AconityLAB werden die identifizierten Parameterkombinationen im Fertigungsprozess untersucht und anhand zerstörungsfreier und zerstörender Prüfung validiert.

4.6.1 Ex-situ-Versuche auf dem Pulverbettprüfstand

Zur Ermittlung des Einflusses der unterschiedlichen Prinzipien, Komponenten und Parameter im Schichtauftrag wird ein vollfaktorieller Versuchsplan mit dem Messsystem SL3D auf dem Pulverprüfstand durchlaufen (siehe Abbildung 4.25). Dabei werden die prioritär am Pulverauftrag beteiligten Stellgrößen variiert und damit hersteller- und anlagenunabhängig die Pulverbettqualität im Schichtauftrag für die Aluminiumlegierung AlSi10Mg untersucht.

Tabelle 4.15: Übersicht der variierten Parameter im Rahmen der Ex-situ-Versuche

Parameter	untersuchte Werte
Schichtdicke [µm]	30, 60, 90
Schichtauftragsgeschwindigkeit [mm/s]	100, 150, 200, 250, 300, 350, 400, 450, 500
Schichtauftragselement	G: Elastomerklinge (Gummilippe), C: Kohlenstofffaserbürste S: Stahlklinge
Schichtauftragsprinzip	U: Unidirektional (Pulverzustellung aus Pulverreservoir) B: Bidirektional (Pulverzustellung aus mitgeführtem Pulvertank)

Der vollständige Versuchsplan, bestehend aus insgesamt 162 Parameterkombinationen, kann Tabelle 4.15 entnommen werden. Die dabei fixierten Stellgrößen sind in Tabelle 4.16 festgehalten.

Eine Nomenklatur zur eindeutigen Bezeichnung der Versuche findet anhand der gewählten Parameterkombination statt. Sie setzt sich aus einer Abfolge der Abkürzungen des gewähltes Schichtauftragsprinzips und des gewählten Schichtauftragselements, der Pulverschichtdicke in µm und der Schichtauftragsgeschwindigkeit in mm/s zusammen. Die Attribute werden für eine bessere Lesbarkeit durch Unterstriche voneinander separiert. Ein Beispiel für die Nomenklatur findet sich in Abbildung 4.17 wieder. *U_C_30_100* steht beispielsweise für:

- U: Unidirektionalen Schichtauftrag
- C: Kohlenstofffaserbürste
- 30: Pulverschichtdicke von 30 µm
- 100: Schichtauftragsgeschwindigkeit von 100 mm/s

Tabelle 4.16: Übersicht der fixierten Stellgrößen im Rahmen der Ex-situ-Versuche

Stellgröße	festgelegte Werte
Pulvermaterial	Chargenreines Neupulver AlSi10Mg
Versuchswiederholungen pro Parameterkombination	3 Wiederholungen
Anzahl aufgetragener Schichten pro Versuch	30
Messzyklus	Jede Schicht
Anzahl der gemessenen Schichten pro Parameterkombination	27
Anzahl der beschichteten Schichten pro Parameterkombination	90
Pulverdosierfaktor	150 %
Rückfahrtabsenkung der Bauplattform	25 µm

Im Schichtauftrag kann unter Verwendung einer Stahlklinge als auftragendes Element aufgrund der einseitigen geometrischen Ausprägung der Klinge nur der unidirektionale Schichtauftrag erfolgen. Aufgrund dessen können bei den Versuchen mit Pulverzustellung aus dem Pulvertank diese, wie auch bei der Pulverzustellung aus dem Reservoir, nur unidirektional durchgeführt werden. Die Bezeichnung der Parameterkombination dieser Versuchsreihe wird trotzdem mit einem „B" markiert, wenn auch die Zustellung unidirektional erfolgt.

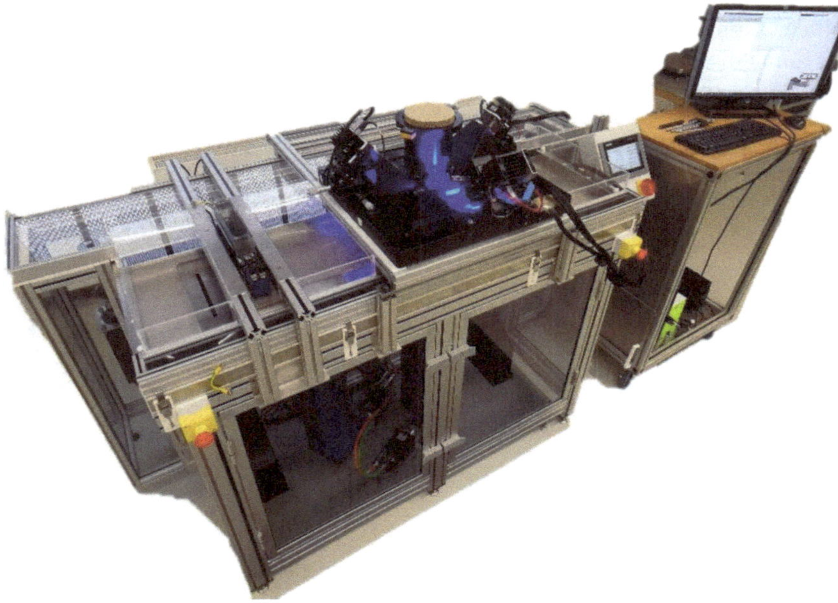

Abbildung 4.25: Versuchsaufbau für die Ex-situ-Versuche, bestehend aus Pulverbettprüfstand, SL3D und Prozessrechner

4.6.2 In-situ-Versuche auf der PBF-LB/M-Anlage

Nach erfolgter Auswertung der Ex-situ-Versuche und Identifikation von Parameterbereichen und -kombinationen, die eine gesteigerte Qualität/Produktivität indizieren, werden diese in In-situ-Versuchen anhand von Baujobs auf der PBF-LB/M-Anlage AconityLAB validiert. Dazu werden insgesamt 30 Parameterkombinationen untersucht, die auch die Referenzparameterkombination im Schichtauftrag der PBF-LB/M-Anlage beinhaltet (siehe Tabelle 4.17).

Tabelle 4.17: Referenzparameterkombination im Schichtauftrag der PBF-LB/M-Anlage AconityLAB

Parameter	Wert
Schichtdicke [µm]	30, 60, 90
Schichtauftragsgeschwindigkeit [mm/s]	150
Schichtauftragselement	Elastomerklinge
Schichtauftragsprinzip	Unidirektional

In 6 Baujobs werden zur Untersuchung der 30 Parameterkombinationen (siehe Tabelle 4.18) insgesamt 360 Stufen-Pyramidwürfel gefertigt. Dazu werden pro Parameterkombination je 12 Würfel in einer Ebene (Würfelebene, WE) verteilt über die Bauplattform angeordnet (siehe Abbildung 4.26). Die Anordnung wird dabei so gewählt, das realistische Fertigungsbedingungen (Spritzer, Schmauch, Pulverauftrag) durch die Positionierung relativ zueinander in Schichtauftragsrichtung, in Schutzgasrichtung sowie zum Zentrum der Bauplattform abgebildet werden, um eine hohe Aussagekraft der Untersuchungen hinsichtlich der Eignung der Parameterkombinationen zu erreichen. Zudem werden die Ergebnisse durch die Anzahl an Probekörpern pro Parameterkombination statistisch abgesichert. Die in den Baujobs fixierten Stellgrößen sind in Tabelle 4.18 festgehalten.

Tabelle 4.18: Übersicht der im Rahmen der In-situ-Versuche betrachteten Parameterkombinationen sowie die zugehörigen Kenndaten der Baujobs und Messdaten

Parameter	untersuchte Werte
Schichtdicke [µm]	30, 60, 90
Schichtauftragsgeschwindigkeit [mm/s]	150, 200, 250, 300, 350
Schichtauftragselement	Elastomerklinge, Kohlenstofffaserbürste
Schichtauftragsprinzip	Unidirektional
Baujob/Messung	**Kenndaten**
Gestapelte Würfelebenen (WE) pro Baujob	5
Gesamtanzahl gemessener Schichten in der WE	30
Gesamtdatenmenge [GB] der WE	Ca. 200

Tabelle 4.19: Übersicht der fixierten Fertigungsparameter im Rahmen der In-situ-Versuche

Fertigungsparameter			
Schichtdicke D_s [µm]	30	60	90
Vorheiztemperatur T [°C]	200	200	200
Schichtauftragsprinzip	Unidirektional	Unidirektional	Unidirektional
Fokusdurchmesser [mm]	87	87	87
Hatch-Muster	Streifen	Streifen	Streifen
Hatch-Abstand H_S [µm]	120	90	100
Belichtungsgeschwindigkeit V_S [mm/s]	1.500	2.000	1.500
Laserleistung P_L [W]	400	370	370
Energiedichte E_S [J/mm²]	2,2	2,1	2,5
Relative Dichte [%] für AlSi10Mg	99,9	99,7	99,5

Die hinsichtlich der Bauteildichte im Vollmaterial optimierten Belichtungsparameter für die Schichtdicken 30, 60 und 90 µm erzeugen unter Anwendung der Referenzparameterkombination im Schichtauftrag (Tabelle 4.17) auf der AconityLAB reproduzierbare relative Dichten nach Tabelle 4.19 für das verwendete Material AlSi10Mg.

Die Nomenklatur für die In-situ-Versuche wird aus den vorherigen Ex-situ-Versuchen übernommen, um eine direkte Verbindung zwischen den Ergebnissen aus beiden Versuchsreihen herstellen zu können.

Die Geometrie der Stufen-Pyramidwürfel enthält drei Segmente, die unterschiedliche Aufgaben erfüllen (siehe Abbildung 4.27). Im unteren Segment der umgekehrten Pyramide erweitert sich die Querschnittsfläche von einer erforderlichen Fläche für die Anbindung auf die Fläche von 10 × 10 mm². Während der Fertigung dieses Segmentes findet der Einschwingprozess unter Anwendung der zugrundeliegenden Parameterkombination statt. Im darauffolgenden Segment mit konstanter Querschnittsfläche befindet sich der Extraktionsbereich für die In-situ-Prüfung mittels SL3D sowie die spätere nachgelagerte zerstörende Prüfung mittels Schliffbild-Mikroskopie. Die Daten aus diesem Segment werden für die Auswertung und Validierung genutzt.

Das letzte Segment der halben Querschnittsfläche des Extraktionsbereichs wird für die Kennzeichnung eines jeden Würfels genutzt und stellt die Anbindung zum darauffolgenden Würfel in der nächsten Würfelebene dar. Die halbe Querschnittfläche in Relation zum Extraktionsbereich eröffnet zudem die Möglichkeit, den Einfluss von Spritzer und Schmauch bei halber Belichtungsfläche zu untersuchen [17]. Diese Untersuchungen sind nicht Teil dieser Arbeit.

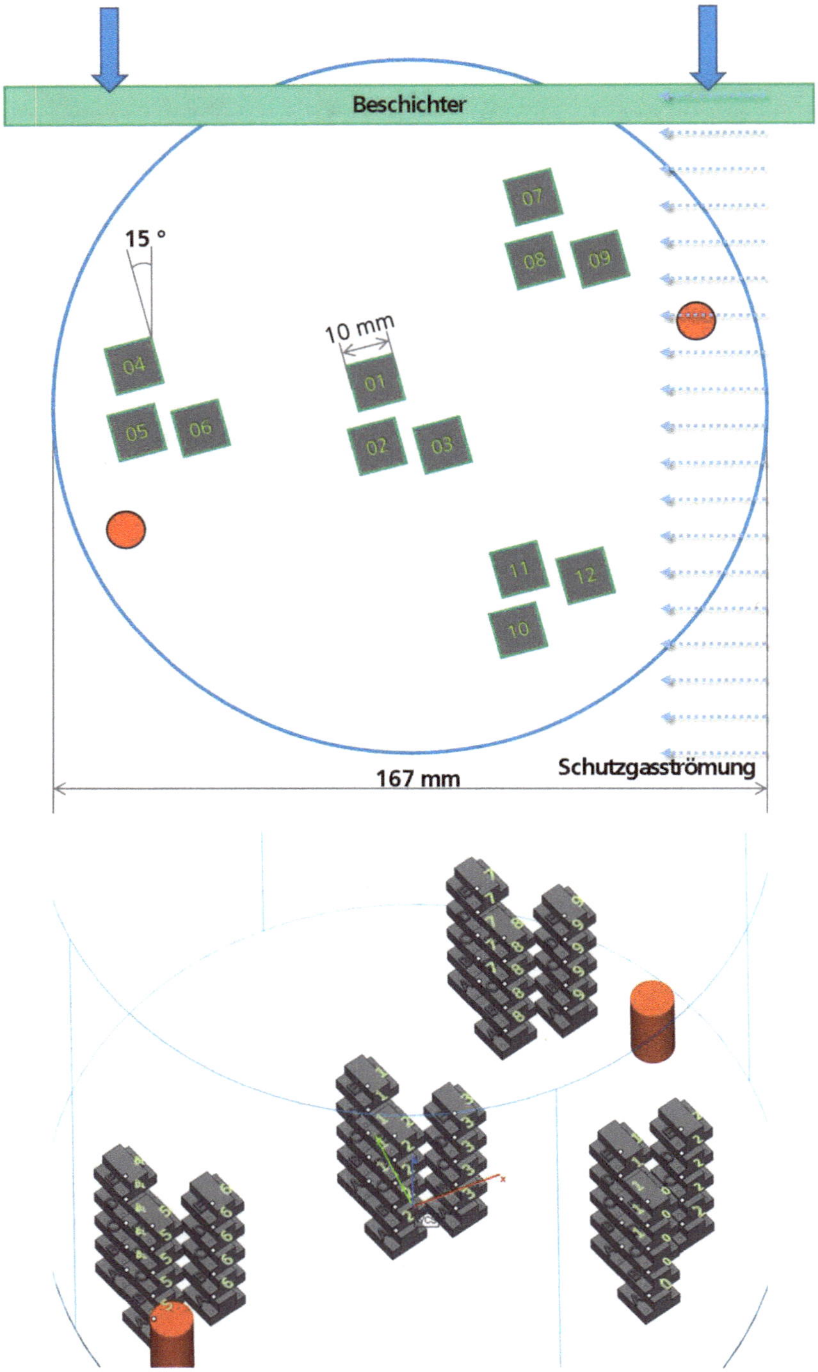

Abbildung 4.26: Anordnung von 12 Stufen-Pyramidwürfel je Würfelebene in fünf aufeinander gestapelten Lagen in der Baujobszene der AconityLAB

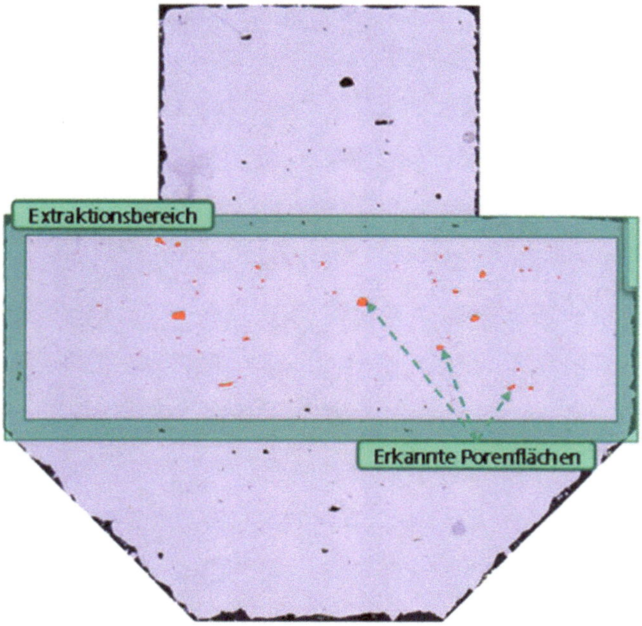

Abbildung 4.27: Panoramabild eines Probekörperquerschnitts mit Markierung des Extraktionsbereich und erkannter Porenflächen des Digitalmikroskops KEYENCE VHX-5000

Alle gefertigten Probekörper werden metallographisch aufbereitet und Schliffbilder senkrecht zur Aufbaurichtung erstellt. Die Schliffbilder werden mit einem Digitalmikroskop KEYENCE VHX-5000 erstellt, die Einstellungen finden sich in Tabelle 4.20.

Tabelle 4.20: Parametereinstellungen des Digitalmikroskops KEYENCE VHX-5000

Parameter	Wert
Vergrößerung	200-fach
Verstärkung [dB]	0
Bildausschnitt [mm^2]	1,52 × 1,14
Tiefenschärfe [mm]	0,44
Modus	Automatisches Stitching

5 Analyse der Pulverbettqualität

In diesem Kapitel werden die aus den Ex-situ- und anschließenden In-situ-Versuchen resultierenden Ergebnisse aufbereitet, diskutiert und zueinander in Kontext gesetzt. Die Aufbereitung der Messdaten aller Versuche erfolgt anhand der in Kapitel 4.2 beschriebenen Auswertemethodik. Die Ergebnisse der Ex-situ-Versuche bilden die Grundlage für die Wahl der Parameterbereiche der Untersuchungen in den In-situ-Versuchen. Diese Auswahl der Parameterbereiche wurde bereits in Unterabschnitt 4.6.2 vorgestellt.

5.1 Ex-situ: Einfluss von Prozessparametern auf die Pulverbettqualität

Die Ex-situ-Versuche spannen einen vollfaktoriellen Versuchsplan auf, der sich über alle möglichen Parameterkombinationen, bestehend aus den prioritären Schichtauftragsparametern, erstreckt (siehe Unterabschnitt 4.6.1). Mit diesem Ansatz wird ein maximaler Informationsgewinn angestrebt, um alle Haupt- und Interaktionseffekte, extrahiert aus den gewonnenen und ausgewerteten Daten, unabhängig voneinander darstellen und diskutieren zu können.

Für eine vergleichbare Auswertung der Daten werden die entwickelten Qualitätsfaktoren zur Bewertung herangezogen. Hierbei ist insbesondere das grundlegende Verhalten einer Parameterkombination, betrachtet über die Grundgesamtheit der Daten, von Interesse. Aus den Daten erkennbare Trends werden diskutiert und in Bezug auf die verschiedenen Möglichkeiten in der Variation der Parameter beleuchtet.

Für die Darstellung der Messdaten wird die mittlere Standardabweichung aller zu einer Parameterkombination zugehörigen Schichten über die Schichtauftragsgeschwindigkeit aufgetragen. Die Schichtauftragsgeschwindigkeit wird für die x-Achse und die mittlere Standardabweichung aller Schichten für die y-Achse gewählt, um die für eine höhere Produktivität entscheidenden Faktoren von Prozessgeschwindigkeit und Qualität gegenüber zu stellen. Erkennbare Trends können hierbei Hinweise für vorteilhafte Parameterkombinationen liefern, die in den Ex-situ-Versuchen anschließend validiert werden.

Zur Betrachtung des Einflusses der Pulverschichtdicke werden die Daten, getrennt nach Kombinationen aus Schichtauftragsprinzip und Schichtauftragselement, über die Schichtauftragsgeschwindigkeiten aufgetragen. In den resultierenden Graphen in Abbildung 5.1 sind die Ergebnisse für den unidirektionalen Schichtauftrag, in Abbildung 5.2 sind die Ergebnisse für den bidirektionalen Schichtauftrag dargestellt. Über alle Kombinationen, unabhängig von der Kombination aus Schichtauftragsprinzip und Schichtauftragselement, wird deutlich, dass es zu einem Anstieg der mittleren Standardabweichung der Schichthöhendaten mit ansteigender Schichtauftragsgeschwindigkeit kommt.

D. Jutkuhn, *Qualitätsprüfung für das Pulverbett im selektiven Laserschmelzprozess*, Light Engineering für die Praxis,
https://doi.org/10.1007/978-3-662-72754-6_5

Abseits dieses fundamentalen Trends unterscheidet sich das Verhalten in Bezug auf die Schichtdicke bis zu einer Geschwindigkeit von 450 mm/s nicht wesentlich. Lediglich bei deiner Geschwindigkeit von 500 mm/s findet bei den betrachteten Kombinationen, die bei einer Schichtdicke von 90 µm eine Stahlklinge oder eine Kohlenstofffaserbürste verwenden, ein signifikanter Anstieg der mittleren Standardabweichung statt. Ausschließlich die Elastomerklinge folgt diesem negativen Trend nicht.

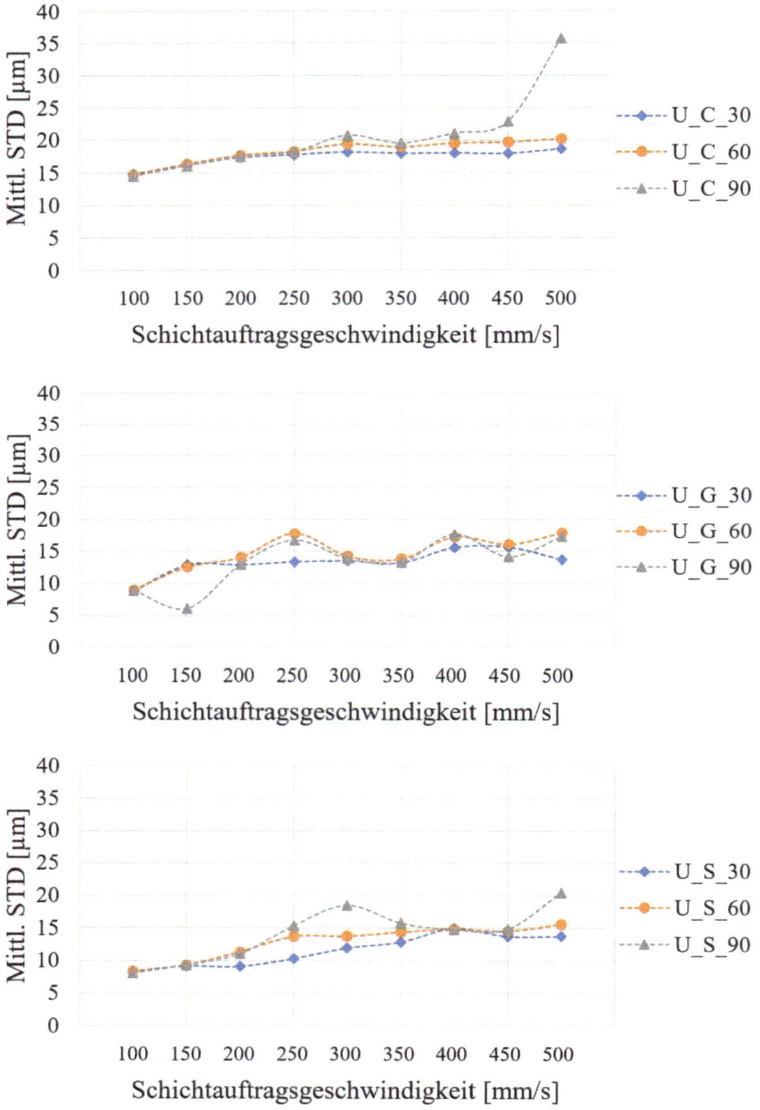

Abbildung 5.1: Einfluss der Pulverschichtdicke auf die Pulverbettqualität, aufgetragen für verschiedene Schichtauftragselemente und Auftragsgeschwindigkeiten im unidirektionalen Schichtauftrag

Erkennbar wird zudem ein deutlicher Trend im Anstieg der Schwankungen der mittleren Standardabweichungen über die zunehmende Pulverschichtdicke (siehe auch Abbildung 5.3 und Abbildung 5.4). Während die mittlere Standardabweichung des Pulverbetts über die ansteigende Schichtauftragsgeschwindigkeit bei einer Schichtdicke von 30 µm verhältnismäßig linear ansteigt, fluktuiert sie in zunehmend stärkerem Maße bei einer Schichtdicke von 60 µm und 90 µm. Diese Fluktuation fällt beim bidirektionalen Schichtauftrag nochmals stärker aus, als es beim unidirektionalen Schichtauftrag der Fall ist.

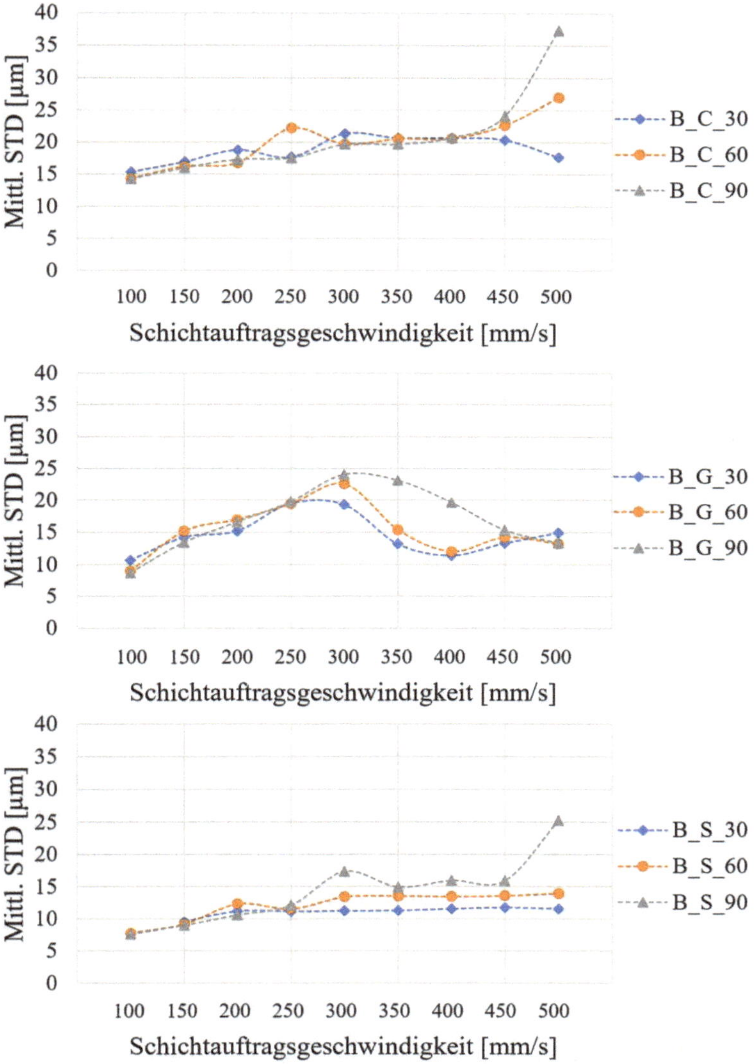

Abbildung 5.2: Einfluss der Pulverschichtdicke auf die Pulverbettqualität, aufgetragen für verschiedene Schichtauftragselemente und Auftragsgeschwindigkeiten im bidirektionalen Schichtauftrag

Vergleicht man die Ergebnisse unter Berücksichtigung des Schichtauftragsprinzips, so ist ein deutlicher Trend erkennbar. Das unidirektionale Auftragsprinzip erzeugt grundsätzlich gleichmäßigere und, über die Schichtauftragsgeschwindigkeit betrachtet, weniger stark fluktuierende Ergebnisse als das bidirektionale Prinzip es vermag.

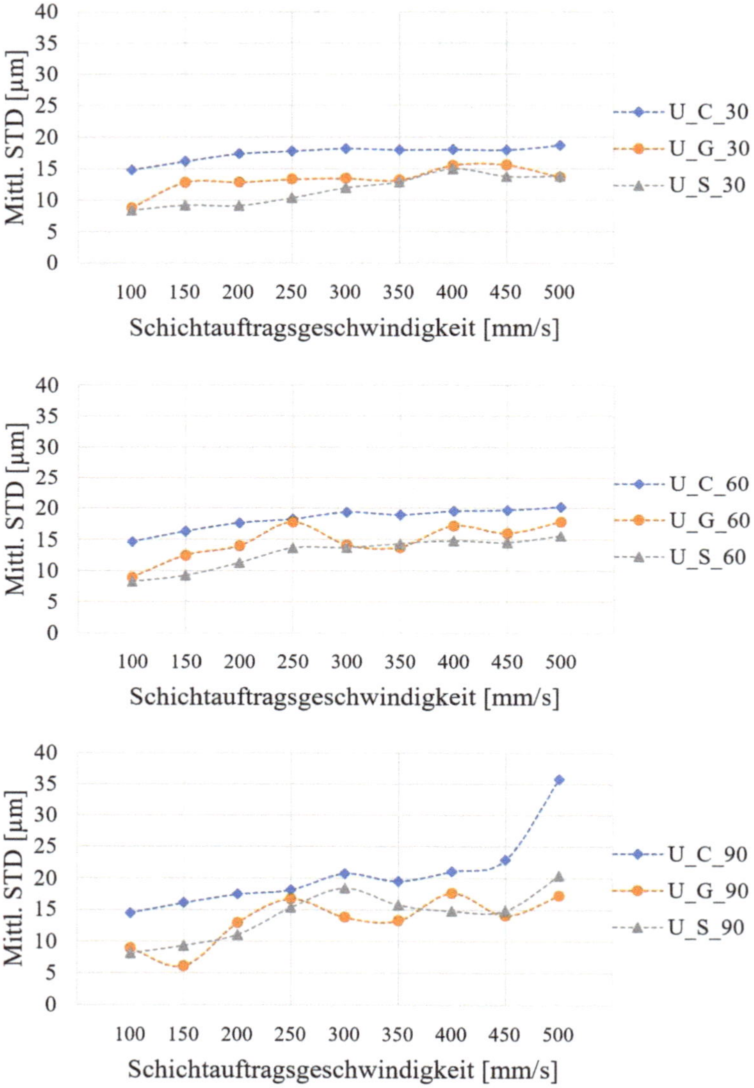

Abbildung 5.3: Einfluss des Schichtauftragselements auf die Pulverbettqualität, aufgetragen für verschiedene Schichtdicken und Auftragsgeschwindigkeiten im unidirektionalen Schichtauftrag

Der Einfluss des schichtauftragenden Elements wird in den Abbildung 5.3 und Abbildung 5.4 erkennbar. Die Schichtauftragselemente erzeugen, über nahezu alle Auftragsgeschwindigkeiten hinweg und für beide Auftragsprinzipien, eine Pulverbettqualität mit mittlerer Standardabweichung auf unterschiedlichen Niveaus.

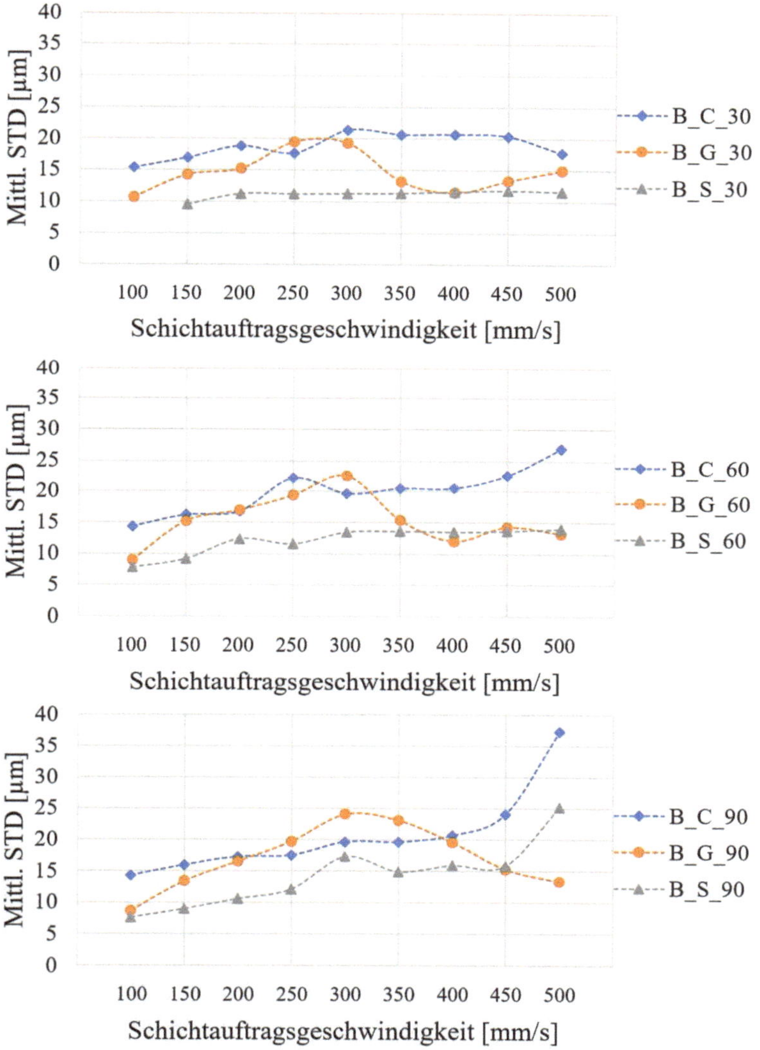

Abbildung 5.4: Einfluss des Schichtauftragselements auf die Pulverbettqualität, aufgetragen für verschiedene Schichtdicken und Auftragsgeschwindigkeiten im bidirektionalen Schichtauftrag

Das höchste Niveau der mittleren Standardabweichung und damit die geringste Oberflächengüte im Pulverbett, wird bei Verwendung einer Kohlenstofffaserbürste in den Versuchen hervorgerufen. Der in Unterabschnitt 4.2.2 beschriebene Effekt der Deformation durch Auslenkung der Kohlenstofffaserborsten, in Abhängigkeit der auf sie einwirkenden Kräfte, führt zu einer erhöhten Streifenbildung und Strukturierung der

Pulverbettoberfläche. Diese Strukturierung schlägt sich in den erhöhten Werten mittleren Standardabweichung nieder.

Wie aus den Daten ersichtlich wird, erzeugen die Elastomerklinge und die Stahlklinge gegenüber der Kohlenstofffaserbürste ein homogeneres Pulverbett. Dabei nimmt die Elastomerklinge ein geringfügig erhöhtes Niveau gegenüber der Stahlklinge ein. Die Elastomerklinge neigt zu stärkeren Fluktuationen und weist einen geringeren linearen Verlauf auf, als es Stahlklinge und Kohlenstofffaserbürste aufweisen.

Eine Erklärung könnte in den Materialeigenschaften des Elastomers begründet liegen. Die höhere Elastizität des Elastomers begünstigt eine elastische Verformung als Reaktion auf eine äußere Krafteinwirkung. Je nachdem, wie ein Pulverstau sich vor der Elastomerklinge ausprägt und verdichtet, kann eine elastische Verformung eintreten. Eine Erklärung, warum sich dieses Verhalten mit ansteigender Schichtauftragsgeschwindigkeit nicht kontinuierlich fortsetzt bzw. stärker ausprägt, konnte aus den ermittelten Daten nicht gewonnen werden.

Vergleich der Schichtauftragsprinzipien

Wie in den Graphen von Abbildung 5.1 bis Abbildung 5.4 erkennbar ist, weist das bidirektionale Schichtauftragsprinzip mit Pulverzustellung aus dem mitgeführten Pulvertank eine höhere Neigung zu Fluktuationen auf, als es das unidirektionale Schichtauftragsprinzip mit Pulverzustellung aus dem Pulverreservoir aufweist. Dieser Umstand lässt sich in den Daten verdeutlichen, wenn man die Prozessstabilität anhand des Reproduzierbarkeitsfaktors über alle Versuche in einem Graphen darstellt (siehe Abbildung 5.5). Dabei wird die Standardabweichung aller Schichtmittelwerte für alle Versuche einer Parameterkombination ermittelt und in Vergleich gesetzt. Die farbigen horizontalen Bereiche im Graphen zeigen dabei die Einstufung der Kritikalität des Wertes an, entsprechend der Festlegung nach Tabelle 4.9.

Ein signifikanter Anstieg in der Standardabweichung ist bei Verwendung des bidirektionalen Schichtauftragsprinzip ersichtlich. Die Pulverbettqualität wird bei Verwendung einer Kohlenstofffaserbürste im bidirektionalen Auftragsprinzip am stärksten reduziert und zeigt deutliche negative Ausreißer. In nicht ganz so starkem Umfang wird das resultierende Pulverbett, erzeugt von der Elastomerklinge im bidirektionalen Schichtauftrag, in seiner Qualität gemindert. Neigt jedoch wie auch bei Nutzung der Kohlenstofffaserbürste zu auffälligen Ausreißern.

Die Stahlklinge muss von der Betrachtung zum Teil ausgenommen werden, da wie in Unterabschnitt 4.6.1 festgehalten, das bidirektionale Auftragsprinzip nicht zum Einsatz kommen konnte und mit unidirektionalem Schichtauftrag aus dem Pulvertank durchgeführt wurde. Jedoch ermöglicht dieser Umstand teilweise eine differenzierte Betrachtung zwischen Pulverzustellung und Schichtauftragsrichtung. Während die Versuche mit Stahlklinge und unidirektionalem Schichtauftrag, unabhängig von der Pulverzustellung aus Pulverreservoir oder Pulvertank, vergleichbare Ergebnisse hervorriefen, unterscheiden sich alle weiteren Versuche deutlich in den Ergebnissen, bei denen zwischen unidirektionalem und bidirektionalem Schichtauftrag verglichen wird. Dies lässt vermuten, dass die alternierende Richtung des bidirektionalen Schichtauftrags einen starken ein Einfluss auf die Qualität des resultierenden Pulverbetts hat, während die Art der Pulverzustellung keinen signifikanten Einfluss aufweist. Diese Vermutung bedarf allerdings einer intensiveren Untersuchung und lässt sich anhand der vorliegenden Datenlage nicht abschließend beurteilen.

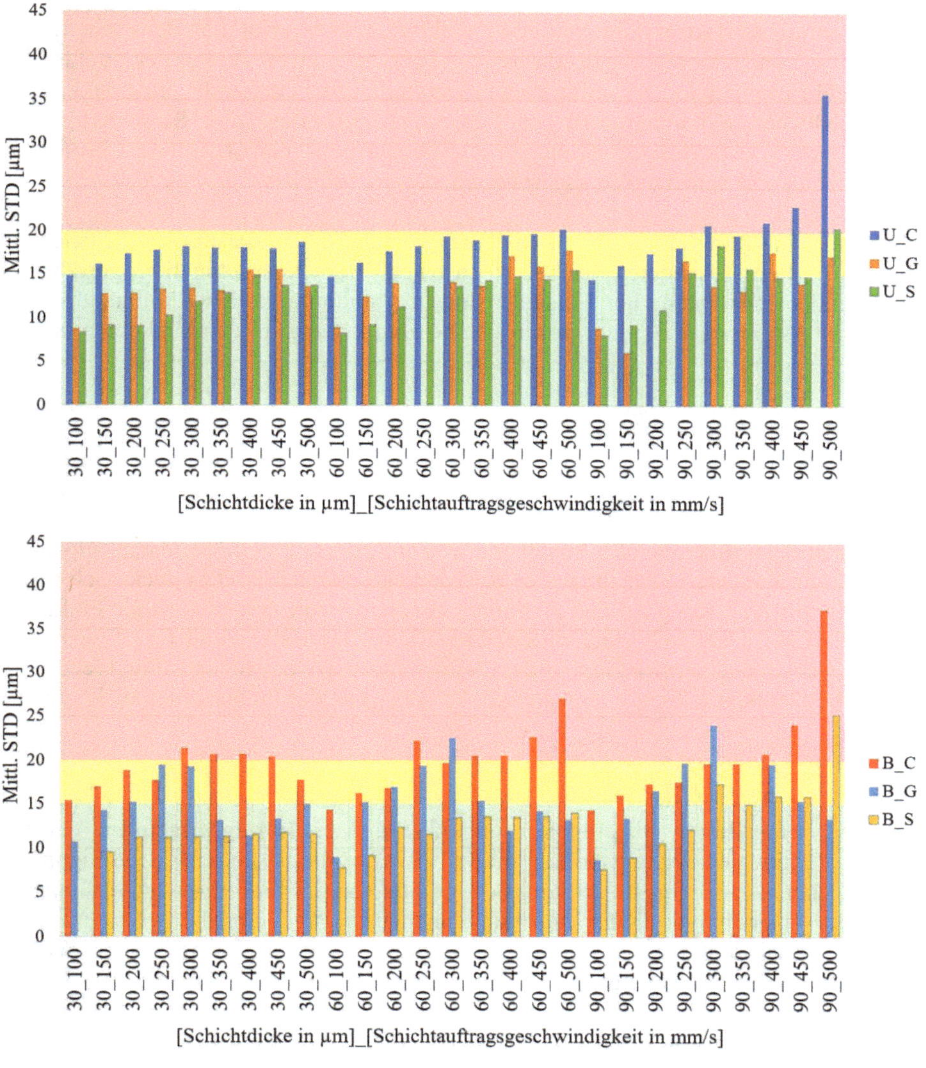

Abbildung 5.5: Darstellung der Prozessstabilität über alle Ex-situ-Versuche, getrennt nach den Schichtauftragsprinzip

5.2 Bewertung der Prozessfähigkeit und Defektanfälligkeit

Die Bewertung der Prozessfähigkeit und Defektanfälligkeit erfolgt an den einheitlich ermittelten Qualitätsfaktoren, die in Abschnitt 4.2 entwickelt wurden. Für den direkten Vergleich der Prozessparameterkombinationen werden alle ermittelten Qualitätsfaktoren der unterschiedlichen Kombinationen aus Schichtauftragsprinzip und Schichtauftragselement, in Analogie zu den Darstellungen in Abbildung 5.1 bis Abbildung 5.4, über alle Schichtdicken und Schichtauftragsgeschwindigkeiten aufgelistet.

Dabei wird eine Rangordnung nach der Homogenität H, also der mittleren Standardabweichung in den Höhendaten der Schichten einer Parameterkombination, gewählt. Die resultierenden Messdaten aller Versuche sind in Abbildung 5.6 bis Abbildung 5.11 zusammengefasst. Folgende Trends lassen sich bei Betrachtung aus den Messdaten extrahieren:

Einfluss der Pulverschichtdicke

Während nur ein geringfügiger Anstieg der mittleren Standardabweichung der Höhendaten mit Anstieg der Schichtdicke über alle weiteren Parameterkombinationen stattfindet, so steigt in signifikantem Maße die Prozessinstabilität. Dies ist an der über alle Parameterkombinationen zunehmenden Standardabweichung der Gesamthöhendaten (Prozessstabilität P) mit tendenziell zunehmender Schichtdicke erkennbar. Dies deckt sich mit der Erkenntnis aus Abbildung 5.3 und Abbildung 5.4, in denen eine zunehmende Fluktuation in den Werten für höhere Schichtdicken deutlich wird. Dieser Trend findet unabhängig von dem Schichtauftragsprinzip und dem Schichtauftragselement statt. Ein Trend in Bezug auf die Defektanfälligkeit lässt sich in Abhängigkeit der Pulverschichtdicke nicht erkennen.

Einfluss des Schichtauftragsprinzips

Wie zuvor schon festgestellt, mindert das bidirektionale Auftragsprinzip im Vergleich zum unidirektionalen Auftragsprinzip die Pulverbettqualität. Hierbei ist die Signifikanz für die Kohlenstofffaserbürste am höchsten, gefolgt von der Elastomerklinge. Gleichfalls steigt bei Verwendung des bidirektionalen Schichtauftragsprinzips die Defektanfälligkeit an. Dies trifft wiederum in besonderer Weise auf die Kohlenstofffaserbürste zu. Während beim unidirektionalen Schichtauftrag so gut wie keine erkennbaren Defekte von Klasse 1, 2 und 4 vorlagen, so liegen eine Vielzahl beim bidirektionalen Schichtauftrag ab einer Geschwindigkeit von 150 mm/s vor. Ein Anstieg dieser Neigung zu den Defektklassen 1, 2 und 4 lässt sich auch beim bidirektionalen Schichtauftrag mittels Elastomerklinge verzeichnen.

Nahezu Deckungsgleich sind die Ergebnisse der Stahlklinge, die allerdings auch nicht für den bidirektionalen Schichtauftrag betrachtet wurden. Hierbei zeigt sich überaus eindeutig, dass unabhängig von der Pulverzustellung aus dem Pulverreservoir oder dem mitgeführten Pulvertank, die Ergebnisse reproduzierbar sind. Demnach hat die Pulverzustellung, zumindest für die Stahlklinge nachgewiesen, keinen nennenswerten Einfluss auf die resultierende Pulverbettqualität.

Einfluss der Schichtauftragsgeschwindigkeit

Über alle Parameterkombinationen ist ein eindeutiger Trend in der Erhöhung der Schichtauftragsgeschwindigkeit erkennbar. Mit ansteigender Geschwindigkeit fällt die allgemeine Prozessfähigkeit, während die Defektanfälligkeit zunimmt. Dieser Trend fällt bei den verschiedenen Schichtauftragselementen unterschiedlich stark aus, sodass für die Schichtauftragselemente unterschiedliche Geschwindigkeitsbereiche als vorteilhaft zu beurteilen sind.

- *Kohlenstofffaserklinge*

  Unidirektional stellt sich eine deutliche Minderung der Pulverbettqualität bei etwa 200 mm/s ein. Dieser Trend setzt sich fort, sodass ab etwa 350 mm/s die Prozessstabilität in den kritischen Bereich gefallen ist. Im bidirektionalen Schichtauftrag findet dieser Trend bereits früher statt. Ab 150 mm/s sinkt die Pulverbettqualität und ab 250 mm/s fällt sie in den kritischen Bereich.

- *Elastomerklinge*

  Auch bei der Elastomerklinge fällt die Pulverbettqualität mit ansteigender Geschwindigkeit. Allerdings fällt sie im unidirektionale Schichtauftrag nicht in dem Maße, dass bei maximaler betrachteter Geschwindigkeit von 500 mm/s die Prozessstabilität in den kritischen Bereich gefallen ist. Es ist zu erwarten, dass auch noch höhere Geschwindigkeiten ein akzeptables Resultat erzeugen. Im bidirektionalen Schichtauftrag lässt sich hingegen kein erkennbarer Trend erkennen. Sowohl niedrige als auch hohe Geschwindigkeiten rufen eine hohe als auch niedrige Prozessstabilität hervor. Eine Vermutung ist, dass dies mitunter an einer Fluktuation in der Oberflächengüte liegt, die durch die alternierende Auftragsrichtung hervorgerufen wird. Ein Nachweis kann allerdings nur auf Grundlage weiterer Untersuchungen erfolgen.

- *Stahlklinge*

  Die Stahlklinge erzeugt im unidirektionalen Schichtauftrag, unabhängig von der Pulverzustellung, über einen Geschwindigkeitsbereich von 100 bis 450 mm/s eine hohe Pulverbettgüte mit robusten Qualitätsfaktoren. Zwar wird auch hier ein Trend bei ansteigender Geschwindigkeit deutlich, allerdings fällt dieser im Vergleich zu den beiden anderen Auftragselementen am geringsten aus. Lediglich ab einer Geschwindigkeit von 400 mm/s kommt es bei einer Schichtdicke von 90 µm zu einem rapiden Abfall in der Pulverbettqualität. Dies kann mit den gleichzeitig zunehmend auftretenden Defekten der Klasse 2 und 4 erläutert werden.

Einfluss des Schichtauftragselements

In Bezug auf den Einfluss des Schichtauftragselements fällt die Rauheit der Pulverbettoberfläche bei Verwendung der Kohlenstofffaserklinge signifikant auf. Unabhängig von weiteren Parametern wird die von der Kohlenstofffaserklinge erzeugte Oberfläche grundsätzlich stärker strukturiert, welches sich ebenfalls in den deutlich höheren Werten der mittleren Standardabweichungen der Schichthöhendaten widerspiegelt.

Über alle Schichtauftragselemente konnte eine Neigung zu Abrisskanten und Rattermarken festgestellt werden, die in der Regel mit ansteigender Geschwindigkeit zunimmt. Die Vermutung liegt nahe, dass zunehmende Schwingungen des Beschichters bzw. des Schichtauftragselements bei Geschwindigkeitsanstieg diese Defektklasse begünstigen. Die Neigungen für weitere Defektklassen fallen für die verschiedenen Schichtauftragselemente unterschiedlich stark aus.

Hervorzuheben sind:

- Die Kohlenstofffaserbürste weist eine verstärkte Neigung zur Erzeugung von Tiefenstreifen auf.
- Die Elastomerklinge weist eine verstärkte Neigung zur Erzeugung von Pulverunterdeckung auf.
- Die Stahlklinge weist eine verstärkte Neigung zur Erzeugung von Höhenstreifen auf.

Die Erkenntnisse aus den Ex-situ-Versuchen werden in einem auf die PBF-LB/M-Forschungsanlage AconityLAB angepassten Versuchsplan mit eingegrenztem Parameterbereich validiert. Dabei wird, unabhängig von den ermittelten Trends der Parameterkombinationen, folgende vollfaktorielle Untersuchung vorgenommen, die nur durch die Möglichkeiten der verwendeten Anlagentechnik eingeschränkt wird:

- Schichtauftragselemente: nur Kohlenstofffaserklinge und Elastomerklinge
- Schichtauftragsprinzip: nur unidirektional möglich
- Schichtauftragsgeschwindigkeit: nur bis 350 mm/s möglich
- Pulverschichtdicke: keine Einschränkungen

In den In-situ-Versuchen wird eine Reproduktion der Ergebnisse aus den Ex-situ-Versuchen für den betrachteten Bereich der Parameterkombinationen untersucht und mit der Dichteanalyse der gefertigten Probekörper in Korrelation gesetzt. Neben der Validierung der Erkenntnisse in der Bewertung des Pulverbetts ist eine Zielsetzung der Nachweis von für den Prozess vorteilhaften Parameterkombinationen, die eine erhöhte Produktivität begünstigen.

Unidirektional Kohlenstofffaserbürste				Homogenität	Reproduzierbarkeit	Prozessstabilität	Defektanfälligkeit für Defektklasse					
Schichtauftrags-prinzip	Schichtauftrags-element	Schichtdicke	Geschwindigkeit	Mittl. STD Höhendaten	STD Schichtmittelwerte	STD Gesamthöhendaten	Pulverunterdeckung	Pulverablagerungen	Tiefenstreifen	Höhenstreifen	Abrisskanten, Rattermarken	Rauheit
U	C	90	100	14,492	0,886	14,518	0,000	0,000	6,037	6,704	2,519	6,815
U	C	60	100	14,700	2,267	14,868	0,000	0,000	6,333	6,259	2,259	7,037
U	C	30	100	14,821	1,222	14,870	0,000	0,000	6,333	6,852	2,481	9,000
U	C	90	150	16,101	4,068	16,5893	0,000	0,000	7,333	6,037	3,185	7,000
U	C	30	150	16,172	1,032	16,2037	0,000	0,000	6,889	6,185	2,889	9,000
U	C	60	150	16,345	4,833	17,0199	0,000	0,000	7,074	6,000	3,000	8,000
U	C	30	200	17,358	2,683	17,5567	0,000	0,000	7,630	5,667	3,296	9,148
U	C	90	200	17,471	2,283	17,6143	0,000	0,000	7,889	4,481	3,556	7,000
U	C	60	200	17,680	3,662	18,0421	0,000	0,000	7,926	4,556	3,556	8,000
U	C	30	250	17,766	2,187	17,8956	0,000	0,000	8,148	5,704	3,111	9,074
U	C	30	450	17,976	3,515	18,3042	0,000	0,000	3,148	5,148	4,000	9,333
U	C	30	350	17,996	6,037	18,9467	0,000	0,000	7,000	4,000	3,889	9,000
U	C	30	400	18,053	5,354	18,8017	0,000	0,000	7,148	2,481	4,519	9,000
U	C	90	250	18,181	2,678	18,3708	0,000	0,000	8,148	5,148	3,519	7,000
U	C	30	300	18,185	3,837	18,5716	0,074	0,000	8,333	6,444	3,185	9,000
U	C	60	250	18,268	5,138	18,9515	0,000	0,000	8,185	5,519	3,556	8,000
U	C	30	500	18,703	1,891	18,7948	0,148	0,074	7,111	3,741	3,593	10,000
U	C	60	350	18,964	5,700	19,7727	0,074	0,000	7,296	3,370	4,074	8,000
U	C	60	300	19,383	6,236	20,328	0,000	0,000	7,815	5,593	3,963	8,000
U	C	60	400	19,543	0,753	19,557	0,000	0,000	7,222	3,259	4,741	8,000
U	C	90	350	19,566	6,038	20,444	0,000	0,000	7,185	1,556	4,185	7,000
U	C	60	450	19,713	3,025	19,9354	0,000	0,000	4,519	4,370	4,593	8,000
U	C	60	500	20,233	4,251	20,659	0,000	0,000	3,370	5,926	4,111	8,000
U	C	90	300	20,749	3,393	21,018	0,000	0,000	7,630	3,111	4,037	7,815
U	C	90	400	21,081	3,865	21,420	0,000	0,000	7,481	3,222	5,185	7,000
U	C	90	450	22,903	3,309	23,136	0,222	0,556	7,481	4,519	5,407	7,926
U	C	90	500	35,795	5,489	36,249	4,000	7,222	6,889	6,889	7,370	7,000

Abbildung 5.6: Bewertungstabelle aller Qualitätsfaktoren, dargestellt für alle Versuche mit Kohlenstofffaserbürste im unidirektionalen Schichtauftrag, Rangordnung (abfallend) der Parameterkombinationen aufgetragen über die Homogenität

Bidirektional Kohlenstofffaserbürste				Homogenität	Reproduzierbarkeit	Prozessstabilität	Defektanfälligkeit für Defektklasse					
Schichtauftragsprinzip	Schichtauftragselement	Schichtdicke	Geschwindigkeit	Mittl. STD Höhendaten	STD Schichtmittelwerte	STD Gesamthöhendaten	Pulverunterdeckung	Pulverablagerungen	Tiefenstreifen	Höhenstreifen	Abrisskanten, Rattermarken	Rauheit
B	C	90	100	14,271	4,998	15,1145	0,000	0,000	4,926	5,963	2,185	6,444
B	C	60	100	14,316	1,569	14,428	0,037	0,222	5,074	5,741	2,111	7,000
B	C	30	100	15,350	6,444	16,6559	0,519	1,407	5,296	5,926	2,148	9,000
B	C	90	150	15,959	4,631	16,6193	0,000	0,000	5,556	6,037	3,037	6,370
B	C	60	150	16,198	2,786	16,5444	0,296	0,000	5,741	5,741	3,000	7,074
B	C	60	200	16,760	3,280	17,0838	0,000	0,148	6,296	4,444	3,111	7,333
B	C	30	150	16,918	8,928	19,2401	3,296	1,444	5,926	6,556	3,111	8,889
B	C	90	200	17,285	7,383	18,7623	0,000	0,111	6,222	5,481	3,185	6,519
B	C	90	250	17,530	6,024	18,5441	0,000	0,111	6,704	5,556	3,481	6,519
B	C	30	250	17,682	10,494	20,734	5,556	0,741	6,222	6,111	3,296	8,259
B	C	30	500	17,698	6,875	20,077	5,000	4,667	3,556	6,444	5,556	8,222
B	C	30	200	18,795	10,322	21,846	5,259	1,000	6,481	6,111	3,704	8,185
B	C	90	350	19,661	6,055	20,587	0,148	1,222	6,704	6,370	4,148	6,519
B	C	60	300	19,668	3,607	20,017	0,074	0,667	7,556	5,741	4,037	7,519
B	C	90	300	19,672	5,506	20,423	0,000	0,481	6,926	5,778	4,074	6,593
B	C	30	450	20,385	4,362	20,981	0,704	1,296	7,407	5,852	5,481	9,296
B	C	60	350	20,522	3,046	20,779	0,185	1,296	7,074	5,741	4,407	7,519
B	C	60	400	20,556	4,797	21,135	0,407	1,259	7,370	6,333	4,963	7,593
B	C	30	350	20,659	9,217	22,768	6,519	1,519	6,259	6,852	4,593	8,296
B	C	30	400	20,682	12,519	24,629	3,630	1,111	5,741	5,778	4,778	8,741
B	C	90	400	20,713	3,750	21,118	0,296	1,481	7,333	6,519	5,185	6,444
B	C	30	300	21,358	18,103	28,125	6,519	1,519	6,259	6,852	4,593	8,296
B	C	60	250	22,189	11,068	25,136	1,889	0,519	6,815	5,889	3,296	6,963
B	C	60	450	22,635	3,911	22,990	0,556	2,296	7,593	6,148	6,407	7,519
B	C	90	450	24,094	5,392	24,734	0,741	1,778	7,556	6,815	6,630	6,519
B	C	60	500	27,002	5,870	27,865	3,963	6,074	7,111	5,741	7,000	7,481
B	C	90	500	37,331	14,644	42,312	5,815	8,704	6,111	6,148	7,593	6,148

Abbildung 5.7: Bewertungstabelle aller Qualitätsfaktoren, dargestellt für alle Versuche mit Kohlenstofffaserbürste im bidirektionalen Schichtauftrag, Rangordnung (abfallend) der Parameterkombinationen aufgetragen über die Homogenität

Unidirektional Elastomerklinge				Homogenität	Reproduzierbarkeit	Prozessstabilität	Defektanfälligkeit für Defektklasse					
Schichtauftragsprinzip	Schichtauftragselement	Schichtdicke	Geschwindigkeit	Mittl. STD Höhendaten	STD Schichtmittelwerte	STD Gesamthöhendaten	Pulverunterdeckung	Pulverablagerungen	Tiefenstreifen	Höhenstreifen	Abrisskanten, Rattermarken	Rauheit
U	G	90	150	6,087	4,304	7,410	0,000	0,000	7,074	7,444	2,481	0,000
U	G	60	200	6,809	0,702	6,845	0,000	0,000	6,704	8,000	3,000	2,000
U	G	30	100	8,797	0,766	8,830	6,000	0,000	4,222	4,407	2,889	6,000
U	G	90	100	8,893	4,472	9,916	0,000	0,000	7,407	5,704	3,111	4,000
U	G	60	100	8,958	2,437	9,272	0,000	0,000	7,370	5,778	3,074	5,000
U	G	60	150	12,495	5,153	13,472	0,000	0,000	5,741	5,963	3,926	4,000
U	G	30	150	12,818	9,198	15,364	6,074	0,000	6,333	3,741	3,704	6,037
U	G	30	200	12,842	4,847	13,677	6,000	0,000	6,926	5,630	4,074	6,000
U	G	90	200	12,920	29,730	31,990	0,000	0,000	6,111	6,333	3,815	2,963
U	G	30	350	13,182	5,673	14,267	6,000	0,000	5,296	5,111	4,185	4,630
U	G	90	350	13,241	3,197	13,607	0,000	0,000	7,481	7,037	4,852	2,000
U	G	30	250	13,305	11,966	17,844	6,148	0,000	6,370	4,370	3,667	6,370
U	G	30	300	13,446	3,434	13,861	6,000	0,000	6,333	5,704	4,222	4,963
U	G	30	500	13,651	1,744	13,755	6,185	0,000	7,333	6,259	4,704	6,185
U	G	90	300	13,770	2,327	13,959	0,000	0,000	7,259	6,778	4,556	2,037
U	G	60	350	13,776	6,163	15,0458	0,000	0,000	7,630	6,815	4,889	3,148
U	G	90	450	14,087	2,316	14,289	0,000	0,000	5,852	4,815	6,963	1,963
U	G	60	300	14,156	6,646	15,5881	0,000	0,000	7,037	6,593	4,407	3,444
U	G	30	400	15,544	5,234	16,41	6,889	0,000	7,037	6,481	4,778	5,778
U	G	30	450	15,598	4,472	16,2027	6,333	0,000	6,630	4,704	6,148	6,111
U	G	60	450	16,001	5,453	16,8727	0,037	0,000	7,667	5,593	6,444	4,407
U	G	90	250	16,689	6,357	18,3391	0,963	0,000	5,667	4,481	4,222	4,000
U	G	60	400	17,203	4,780	17,9125	0,222	0,000	6,444	5,222	5,333	4,222
U	G	90	500	17,244	7,548	18,778	0,000	0,000	6,000	6,556	5,074	2,778
U	G	90	400	17,647	2,075	17,8097	0,333	0,000	6,296	5,222	5,630	3,630
U	G	60	250	17,751	19,082	26,516	2,333	0,000	7,222	4,444	3,815	4,852
U	G	60	500	17,863	5,354	18,6299	0,185	0,000	8,741	6,963	5,741	5,963

Abbildung 5.8: Bewertungstabelle aller Qualitätsfaktoren, dargestellt für alle Versuche mit Elastomerklinge im unidirektionalen Schichtauftrag, Rangordnung (abfallend) der Parameterkombinationen aufgetragen über die Homogenität

Bidirektional Elastomerklinge				Homogenität	Reproduzierbarkeit	Prozessstabilität	Defektanfälligkeit für Defektklasse					
Schichtauftragsprinzip	Schichtauftragselement	Schichtdicke	Geschwindigkeit	Mittl. STD Höhendaten	STD Schichtmittelwerte	STD Gesamthöhendaten	Pulverunterdeckung	Pulverablagerungen	Tiefenstreifen	Höhenstreifen	Abrisskanten, Rattermarken	Rauheit
B	G	90	100	8,697	2,231	8,970	0,037	0,037	5,963	6,407	2,963	3,000
B	G	60	100	8,986	0,673	9,012	0,074	0,074	5,667	6,519	2,926	4,000
B	G	30	100	10,675	4,118	11,427	6,000	0,741	6,148	5,519	2,815	5,000
B	G	30	400	11,415	11,367	16,113	6,037	0,000	5,963	5,037	4,519	3,667
B	G	60	400	12,003	9,335	15,193	0,185	0,778	6,778	6,889	3,704	2,556
B	G	30	350	13,176	9,970	16,4036	6,000	0,000	6,481	6,556	3,593	5,111
B	G	60	500	13,196	5,285	14,234	0,000	0,000	8,000	6,667	4,407	2,704
B	G	30	450	13,307	8,719	15,894	6,074	0,037	6,148	5,296	5,074	3,963
B	G	90	500	13,337	2,684	13,627	0,037	0,259	7,185	6,111	4,741	1,111
B	G	90	150	13,400	4,023	13,991	0,000	0,000	5,926	5,741	3,444	3,481
B	G	60	450	14,217	9,344	17,0021	0,000	0,037	6,815	6,111	5,593	2,000
B	G	30	150	14,238	3,562	14,712	6,630	0,296	5,370	5,667	3,111	5,185
B	G	30	500	14,939	11,507	18,7463	6,704	0,000	6,704	5,778	4,148	3,963
B	G	60	150	15,145	4,135	15,8145	0,370	0,000	6,185	5,815	3,259	4,148
B	G	30	200	15,189	7,970	17,1955	6,926	0,111	6,519	5,926	3,704	6,148
B	G	90	450	15,304	15,629	21,862	0,000	0,000	7,074	6,185	6,444	1,111
B	G	60	350	15,366	7,849	17,5427	5,370	0,000	6,556	6,741	4,444	5,185
B	G	90	200	16,523	1,762	16,6417	0,037	0,037	6,111	6,259	4,037	4,667
B	G	60	200	16,932	4,640	17,585	0,370	0,000	6,185	5,815	3,259	4,148
B	G	30	300	19,254	13,665	24,342	6,963	0,481	7,407	7,111	4,148	6,259
B	G	60	250	19,362	3,978	19,9072	0,259	0,000	7,037	6,519	4,000	5,593
B	G	30	250	19,456	7,941	21,547	7,148	0,037	7,259	6,704	4,000	6,630
B	G	90	400	19,580	4,790	20,168	0,037	0,148	6,815	6,037	4,556	1,444
B	G	90	250	19,720	5,241	20,416	0,185	0,000	6,852	7,778	4,111	5,111
B	G	60	300	22,573	8,777	23,979	2,259	0,000	7,148	7,667	4,111	5,889
B	G	90	350	23,071	67,297	25,375	1,333	0,407	6,037	5,000	6,185	4,222
B	G	90	300	24,036	13,909	28,326	0,963	0,148	6,370	5,778	4,407	4,556

Abbildung 5.9: Bewertungstabelle aller Qualitätsfaktoren, dargestellt für alle Versuche mit Elastomerklinge im bidirektionalen Schichtauftrag, Rangordnung (abfallend) der Parameterkombinationen aufgetragen über die Homogenität

Unidirektional Stahlklinge				Homogenität	Reproduzierbarkeit	Prozessstabilität	Defektanfälligkeit für Defektklasse					
Schichtauftragsprinzip	Schichtauftragselement	Schichtdicke	Geschwindigkeit	Mittl. STD Höhendaten	STD Schichtmittelwerte	STD Gesamthöhendaten	Pulverunterdeckung	Pulverablagerungen	Tiefenstreifen	Höhenstreifen	Abrisskanten, Rattermarken	Rauheit
U	S	90	100	8,097	0,845	8,140	0,000	0,000	7,037	7,889	2,296	1,185
U	S	60	100	8,304	3,244	8,904	0,037	0,000	7,111	8,222	2,259	2,630
U	S	30	100	8,358	1,489	8,485	0,000	0,000	6,815	7,963	2,259	4,111
U	S	30	200	9,106	0,758	9,142	0,000	0,000	5,778	7,926	2,407	4,630
U	S	30	150	9,170	1,526	9,292	0,000	0,000	6,963	7,926	2,519	4,222
U	S	60	150	9,291	2,800	9,689	0,000	0,000	8,000	8,296	2,704	3,000
U	S	90	150	9,322	1,553	9,446	0,000	0,000	8,148	8,370	2,815	2,037
U	S	30	250	10,331	4,565	11,268	0,000	0,000	7,593	8,296	2,704	5,037
U	S	90	200	11,051	2,087	11,241	0,000	0,000	7,741	9,185	3,000	3,259
U	S	60	200	11,339	4,311	12,107	0,000	0,000	5,778	7,741	3,074	3,296
U	S	30	300	11,943	1,999	12,112	0,037	0,000	6,778	8,185	3,037	5,630
U	S	30	350	12,882	3,502	13,349	0,185	0,000	6,593	7,963	3,444	7,037
U	S	60	250	13,667	6,385	15,0578	0,000	0,000	6,926	8,333	3,000	4,593
U	S	60	300	13,722	8,427	16,0527	0,000	0,000	7,222	7,667	3,815	3,778
U	S	30	450	13,745	8,804	14,668	0,630	0,000	7,667	7,630	4,630	6,074
U	S	30	500	13,788	11,537	16,0929	0,889	1,333	7,296	7,852	4,630	5,185
U	S	60	350	14,367	6,156	15,618	0,000	0,000	7,111	8,407	4,222	4,630
U	S	60	450	14,531	3,350	14,916	0,000	0,037	6,370	6,519	5,667	4,630
U	S	90	400	14,759	0,671	14,776	0,000	0,000	5,815	7,593	4,889	4,111
U	S	60	400	14,805	3,791	15,2724	0,000	0,000	5,111	6,111	4,444	5,333
U	S	90	450	14,833	1,463	14,902	0,000	0,000	5,593	5,778	5,519	3,852
U	S	30	400	14,954	6,013	15,9199	0,778	0,000	6,815	7,444	4,148	6,889
U	S	90	250	15,318	4,468	15,9824	0,333	0,000	5,481	8,852	3,667	4,852
U	S	60	500	15,597	4,452	16,226	0,704	1,519	6,185	6,741	5,444	3,815
U	S	90	350	15,758	3,396	16,1325	0,000	0,000	6,148	7,593	4,741	3,852
U	S	90	300	18,433	6,808	19,6796	0,037	0,000	6,926	8,370	4,000	4,111
U	S	90	500	20,407	17,807	26,433	1,926	4,000	5,963	6,556	6,481	3,148

Abbildung 5.10: Bewertungstabelle aller Qualitätsfaktoren, dargestellt für alle Versuche mit Stahlklinge im unidirektionalen Schichtauftrag aus dem Pulverreservoir, Rangordnung (abfallend) der Parameterkombinationen aufgetragen über die Homogenität

Unidirektional (Tank) Stahlklinge				Homogenität	Reproduzierbarkeit	Prozessstabilität	Defektanfälligkeit für Defektklasse					
Schichtauftragsprinzip	Schichtauftragselement	Schichtdicke	Geschwindigkeit	Mittl. STD Höhendaten	STD Schichtmittelwerte	STD Gesamthöhendaten	Pulverunterdeckung	Pulverablagerungen	Tiefenstreifen	Höhenstreifen	Abrisskanten, Rattermarken	Rauheit
B	S	90	100	7,586	3,864	8,481	0,000	0,000	5,481	7,889	2,111	1,000
B	S	60	100	7,791	5,463	9,457	0,000	0,000	5,667	7,889	2,185	2,000
B	S	90	150	8,969	3,890	9,748	0,000	0,000	6,593	7,556	2,667	1,000
B	S	60	150	9,189	4,744	10,301	0,000	0,000	5,074	7,630	2,333	2,000
B	S	30	150	9,529	4,097	10,343	0,000	0,000	5,593	7,704	2,148	4,000
B	S	90	200	10,581	2,004	10,763	0,000	0,000	6,778	9,778	2,667	3,000
B	S	30	100	10,777	46,271	46,971	0,667	0,000	5,667	7,630	2,037	3,852
B	S	30	250	11,171	4,335	11,954	0,000	0,000	7,481	9,704	2,704	6,037
B	S	30	200	11,207	3,058	11,606	0,000	0,000	6,407	9,815	2,741	6,000
B	S	30	300	11,242	4,962	12,252	0,000	0,000	4,667	8,037	3,000	4,963
B	S	30	350	11,310	4,938	12,305	0,000	0,000	7,889	8,778	3,000	5,259
B	S	30	400	11,565	1,588	11,671	0,000	0,000	5,926	8,148	3,148	5,074
B	S	60	250	11,565	3,967	12,204	0,000	0,000	6,519	7,741	2,815	3,963
B	S	30	500	11,593	3,678	12,143	0,000	0,000	7,889	7,704	3,185	4,667
B	S	30	450	11,773	4,238	12,510	0,037	0,000	6,963	8,074	4,222	5,296
B	S	90	250	12,115	2,442	12,350	0,000	0,000	5,111	7,444	3,148	3,037
B	S	60	200	12,333	5,947	13,669	0,185	0,000	7,148	4,889	2,815	5,926
B	S	60	300	13,420	5,456	14,452	0,370	0,815	4,926	7,926	4,481	4,000
B	S	60	400	13,469	5,751	14,615	0,000	0,000	6,185	7,556	4,074	3,778
B	S	60	350	13,558	4,409	14,241	0,000	0,000	5,815	7,148	4,074	3,889
B	S	60	450	13,601	5,720	14,720	0,000	0,037	6,000	6,741	5,370	4,074
B	S	60	500	13,968	5,591	15,0087	0,000	0,000	6,444	7,222	4,963	4,222
B	S	90	350	14,912	1,505	14,990	0,000	0,000	5,185	6,519	4,556	4,259
B	S	90	450	15,871	2,436	16,0621	0,074	0,630	5,852	5,963	6,407	3,778
B	S	90	400	15,911	2,875	16,2189	0,185	0,370	5,407	5,926	5,259	3,556
B	S	90	300	17,313	0,942	17,3457	0,630	1,296	7,222	9,000	5,926	4,074
B	S	90	500	25,219	4,586	25,650	2,889	5,889	6,259	7,852	6,926	3,407

Abbildung 5.11: Bewertungstabelle aller Qualitätsfaktoren, dargestellt für alle Versuche mit Stahlklinge im unidirektionalen Schichtauftrag aus dem Pulvertank, Rangordnung (abfallend) der Parameterkombinationen aufgetragen über die Homogenität

5.3 In-situ: Einfluss von Prozessparametern auf die Pulverbettqualität

Im Rahmen der In-situ-Versuche werden sechs Baujobs zu den unterschiedlichen Kombinationen aus Schichtauftragselemente und Pulverschichtdicke gefertigt. Jeder Baujob enthält dabei fünf Ebenen aus Stufen-Pyramidwürfeln. Die Würfelebenen werden, mit Höhe aufsteigender Höhe, mit einer zunehmenden Schichtauftragsgeschwindigkeit gefertigt. Insgesamt werden auf diese Weise 30 Parameterkombinationen mit insgesamt 360 Probekörpern gefertigt. Die Auswertung jeder Parameterkombination erfolgt anhand der 12 zugehörigen Probekörper, die über die Bauplattform verteilt angeordnet sind. Auf diese Weise wird ein aussagekräftiges und statistisch abgesichertes Ergebnis für jede Parameterkombination erzeugt. Durch die Positionierung der Würfel wird zudem der gegenseitige Einfluss von benachbarten Belichtungsflächen durch Prozessnebenprodukte mit in die Auswertung aufgenommen. Dieser Aspekt ist für eine Betrachtung der Robustheit einer Parameterkombination von Bedeutung, da auf diese Weise realistische Fertigungsbedingungen mit höheren Packungsdichten eines Baujobs nachgestellt werden. Die gefertigten Baujobs sind in Abbildung 5.12 dargestellt.

Abbildung 5.12: Foto der sechs in den In-situ-Versuchen gefertigten Baujobs

Neben den topographischen Messdaten des Messsystems SL3D werden alle Probekörper metallographisch durch Erstellung von Schliffbildern hinsichtlich der relativen Materialdichte analysiert. Zur Beurteilung der Eignung einer Parameterkombination werden die SL3D-Messdaten mit den Dichtewerte der 12 Probekörper einzeln und gemittelt korreliert.

Bei Betrachtung der Ergebnisse der In-situ-Versuche in Abbildung 5.13 und Abbildung 5.14 zeigt sich eindeutig, dass die Aussagen aus den Ex-situ-Versuchen auch im Fertigungsprozess Gültigkeit finden. Das grundsätzlich Verhalten gleicht sich für beide Auftragselemente und demonstriert die Übertragbarkeit der Ex-situ-Untersuchungen in die Anwendung.

Hervorzuheben ist die nicht mehr vorhandene Neigung zur Pulverunterdeckung der Elastomerklinge. Es ist anzunehmen, dass bei den Ex-situ-Versuchen die Elastomerklinge eine Deformation aufwies, die in den In-situ-Versuchen nicht reproduziert wurde.

Allgemein betrachtet produziert die Elastomerklinge über den gesamten Geschwindigkeitsbereich ein homogenes Pulverbett (siehe Abbildung 5.14). Die Kombination U_G_60_250 scheint dabei eine Ausnahme darzustellen, deren geminderte Qualität vermutlich durch zufällige Fehler der Klasse 3 (Tiefenstreifen) verursacht wird. Wenn auch ein Abfall in der Prozessstabilität zu erkennen ist, so scheint er zu keinen relevanten Effekten in Bezug auf die Defektbildung zu führen.

Unidirektional Kohlenstofffaserbürste				Homogenität	Reproduzierbarkeit	Prozessstabilität	Defektanfälligkeit für Defektklasse					
Schichtauftragsprinzip	Schichtauftragselement	Schichtdicke	Geschwindigkeit	Mittl. STD Höhendaten	STD Schichtmittelwerte	STD Gesamthöhendaten	Pulverunterdeckung	Pulverablagerungen	Tiefenstreifen	Höhenstreifen	Abrisskanten, Rattermarken	Rauheit
U	C	30	100	13,298	1,004	14,233	0,000	0,000	6,333	6,704	2,152	8,148
U	C	60	100	14,025	1,857	14,521	0,000	0,000	6,704	6,259	2,221	6,333
U	C	90	100	14,745	1,212	14,609	0,000	0,000	6,926	6,852	2,527	8,148
U	C	90	150	15,468	4,088	16,345	0,000	0,000	6,111	6,037	3,000	7,815
U	C	30	150	15,988	1,244	16,309	0,000	0,000	6,889	6,185	2,981	9,000
U	C	60	150	16,270	4,632	16,893	0,000	0,000	7,074	6,000	2,974	8,185
U	C	30	200	16,950	2,433	17,441	0,000	0,000	7,630	6,521	3,122	9,148
U	C	90	200	17,321	2,529	17,646	0,000	0,000	7,889	5,533	3,424	7,815
U	C	60	200	17,450	3,213	17,932	0,000	0,000	7,926	4,528	3,552	7,629
U	C	30	250	17,683	1,993	18,12	0,000	0,000	7,950	5,675	3,182	9,074
U	C	90	250	17,955	3,002	18,377	0,000	0,000	8,101	5,331	3,572	7,775
U	C	60	250	18,222	4,988	18,882	0,000	0,000	8,219	5,412	3,656	7,620
U	C	30	350	18,237	6,114	19,825	0,000	0,000	7,118	4,232	4,284	8,880
U	C	30	300	18,460	3,818	19,013	0,000	0,000	8,010	5,923	3,497	9,000
U	C	60	350	18,755	5,845	20,123	0,000	0,000	7,112	3,357	4,266	8,220
U	C	60	300	19,240	5,934	19,673	0,000	0,000	7,990	5,478	3,871	6,889
U	C	90	350	19,566	5,910	20,556	0,000	0,000	7,085	3,212	4,233	8,321
U	C	90	300	19,895	3,293	20,996	0,000	0,000	7,610	3,117	3,963	7,815

Abbildung 5.13: Bewertungstabelle aller Qualitätsfaktoren, dargestellt für alle In-situ-Versuche mit Kohlenstofffaserbürste im unidirektionalen Schichtauftrag, Rangordnung (abfallend) der Parameterkombinationen aufgetragen über die Homogenität

Das erzeugte Pulverbett weist bei Verwendung der Kohlestofffaserbürste bereits bei geringen Geschwindigkeiten eine im Vergleich zur Elastomerklinge niedrige Prozessstabilität auf, die mit ansteigender Geschwindigkeit weiter abfällt. Des Weiteren verläuft die Rangordnung der mittleren Standardabweichung nahezu invers zu dem Anstieg in der Geschwindigkeit. Eine signifikante Abhängigkeit der Pulverbettqualität von der Schichtauftragsgeschwindigkeit ist damit gegeben. Auffällig ist abermals die deutlich höhere Rauheit, unabhängig von Schichtdicke oder Auftragsgeschwindigkeit.

Nur anhand der Auswertung der topographischen Messdaten betrachtet, demonstriert die Elastomerklinge ein robusteres und für höhere Schichtauftragsgeschwindigkeiten geeignetes Schichtauftragsverhalten. Im nächsten Schritt werden die Erkenntnisse mit den Daten der Dichteanalyse der Probekörper in Vergleich gesetzt, um eine Beweisführung anhand des gedruckten Materials zu erzielen.

Unidirektional Elastomerklinge				Homogenität	Reproduzierbarkeit	Prozessstabilität	Defektanfälligkeit für Defektklasse					
Schichtauftragsprinzip	Schichtauftragselement	Schichtdicke	Geschwindigkeit	Mittl. STD Höhendaten	STD Schichtmittelwerte	STD Gesamthöhendaten	Pulverunterdeckung	Pulverablagerungen	Tiefenstreifen	Höhenstreifen	Abrisskanten, Rattermarken	Rauheit
U	G	90	150	6,305	4,240	7,749	0,000	0,000	6,341	7,213	2,748	2,457
U	G	60	200	6,934	3,220	7,044	0,000	0,000	5,921	5,918	3,846	2,332
U	G	30	100	8,655	1,110	8,740	0,000	0,000	5,366	4,320	2,811	6,110
U	G	90	100	8,739	4,000	8,991	0,000	0,000	6,934	5,634	2,913	4,353
U	G	60	100	8,882	2,437	9,030	0,000	0,000	7,210	5,613	2,897	5,233
U	G	60	150	11,834	4,893	12,341	0,000	0,000	6,480	5,723	4,034	4,823
U	G	30	150	12,055	3,875	12,877	0,000	0,000	6,859	3,839	3,456	6,112
U	G	30	200	12,435	4,755	13,238	0,000	0,000	5,530	5,714	4,078	5,988
U	G	90	200	12,529	3,684	13,033	0,000	0,000	6,410	5,881	2,950	3,465
U	G	30	250	13,120	4,213	15,342	0,000	0,000	5,813	4,825	3,566	5,921
U	G	30	350	13,250	5,219	13,870	0,000	0,000	5,346	5,657	4,013	4,530
U	G	90	350	13,344	3,413	14,256	0,000	0,000	7,671	6,922	4,677	2,237
U	G	60	350	13,543	5,986	14,884	0,000	0,000	7,530	5,928	4,523	4,110
U	G	30	300	13,560	4,120	14,040	0,000	0,000	5,940	6,013	4,109	5,103
U	G	90	300	13,981	3,432	14,674	0,000	0,000	6,812	6,658	3,821	2,320
U	G	60	300	14,002	5,332	14,805	0,000	0,000	6,945	6,114	3,945	4,899
U	G	90	250	14,983	5,543	15,679	0,000	0,000	6,132	4,429	4,220	3,890
U	G	60	250	16,899	6,457	17,566	0,000	0,000	7,894	4,643	3,788	4,933

Abbildung 5.14: Bewertungstabelle aller Qualitätsfaktoren, dargestellt für alle In-situ-Versuche mit Elastomerklinge im unidirektionalen Schichtauftrag, Rangordnung (abfallend) der Parameterkombinationen aufgetragen über die Homogenität

In Abbildung 5.15 sind die ermittelten Werte der Dichteanalysen aller gedruckten Probekörper übersichtlich aufgeführt. Für eine bessere Lesbarkeit erfolgt eine farbliche Hervorhebung anhand der Höhe der relativen Dichte in [%], entsprechend der Skala in der Abbildung.

BPE	Ds [µm]	VB [mm/s]	Proben Nr. 1	2	3	4	5	6	7	8	9	10	11	12
		150	99,95	99,93	99,90	99,96	99,93	99,95	99,89	99,88	99,93	99,93	99,96	99,92
		200	99,96	99,93	99,97	99,92	99,91	99,90	99,91	99,94	99,88	99,91	99,93	99,87
	30	250	99,99	99,93	99,97	99,92	99,94	99,99	99,93	99,87	99,93	99,92	99,91	99,89
		300	99,95	99,99	99,96	99,94	99,81	99,97	99,97	99,94	99,96	99,97	99,92	99,93
		350	99,92	99,96	99,98	99,97	99,89	99,97	99,88	99,88	99,89	99,80	99,91	99,93
		150	99,93	99,79	99,66	99,48	99,17	99,56	99,56	99,32	99,34	99,69	99,60	99,45
		200	99,91	99,52	99,77	99,65	99,82	99,62	99,81	99,67	99,62	99,80	98,48	99,36
UG	60	250	99,94	99,45	99,84	99,58	99,62	99,69	99,81	99,50	99,70	99,80	99,46	99,61
		300	99,92	99,80	99,67	99,52	99,30	99,51	99,59	99,61	99,40	99,54	99,58	99,72
		350	99,94	99,88	99,80	99,38	99,31	99,58	99,82	99,42	99,61	99,67	99,65	99,66
		150	99,89	99,78	99,42	99,41	99,54	99,31	99,49	98,91	99,47	99,21	99,25	99,19
		200	99,82	99,68	99,23	99,39	99,35	98,72	99,08	98,95	99,16	99,56	99,47	98,68
	90	250	99,81	99,79	99,38	99,07	99,06	98,61	99,44	99,11	99,01	99,11	99,04	98,49
		300	99,89	99,70	99,26	99,25	99,38	99,14	99,40	99,44	99,47	99,76	99,24	98,96
		350	99,24	99,67	99,41	99,71	98,70	98,41	99,49	99,21	99,02	99,04	98,84	99,02
		150	99,97	99,83	99,93	99,95	99,96	99,92	99,96	99,94	99,97	99,95	99,97	99,96
		200	99,96	99,94	99,94	99,92	99,97	99,88	99,88	99,97	99,97	99,94	99,95	99,94
	30	250	99,90	99,92	99,87	99,92	99,96	99,93	99,31	99,93	99,96	99,96	99,94	99,96
		300	99,86	99,93	99,96	99,95	99,95	99,95	99,92	99,90	99,95	99,94	99,95	99,91
		350	99,90	99,97	99,97	99,97	99,96	99,91	99,95	99,99	99,96	99,84	99,92	99,97
		150	99,73	99,43	99,17	99,09	99,08	99,07	99,28	97,99	98,66	98,67	98,55	98,62
		200	99,66	99,32	98,80	98,96	98,95	98,73	98,98	97,68	98,37	98,72	98,53	98,41
UC	60	250	99,61	98,96	98,98	99,43	98,60	98,44	98,57	98,87	98,66	98,37	98,01	98,74
		300	99,52	99,53	99,38	98,94	98,63	98,70	98,58	99,09	98,92	98,82	98,79	98,43
		350	99,49	99,32	99,24	98,86	98,42	98,99	99,19	97,96	98,97	99,15	98,67	98,82
		150	99,58	99,22	98,97	97,76	98,66	99,45	98,74	99,03	98,46	98,84	98,85	98,08
		200	99,54	99,16	98,96	98,94	99,09	99,20	99,19	98,37	98,77	99,01	98,68	98,22
	90	250	99,29	99,03	98,52	98,36	96,15	97,32	99,44	98,38	97,03	98,74	97,98	98,35
		300	99,62	99,53	99,01	98,49	99,02	98,83	98,87	98,71	98,59	99,14	98,71	97,90
		350	99,83	99,14	99,03	98,50	98,02	98,29	99,21	98,76	97,76	98,91	98,59	97,32

relative Dichte [%]

98,16 – 100,0C

Abbildung 5.15: Hervorhebungstabelle, relative Dichte [%]

Beide Schichtauftragselemente erzeugen für eine Schichtdicke von 30 µm über das gesamte Geschwindigkeitsspektrum eine durchschnittliche relative Materialdichte von 99,9 %, die damit auf dem gleichen Niveau wie die Referenz aus Unterabschnitt 4.6.2 liegt. Selbst bei der höchsten betrachteten Geschwindigkeit von 350 mm/s kommt es über alle Probekörperpositionen zu keiner erkennbaren Reduktion in der Dichte. Die Parameterkombination kann als robust und prozessfähig bezeichnet werden. Zudem zeigen die Ergebnisse der Dichteanalyse, dass auch noch höhere Geschwindigkeiten jenseits der Marke von 350 mm/s hohe Dichtewerte erwarten lassen. Die Ergebnisse der Ex-situ-Versuche stellen eine Indikation dafür dar, insbesondere bei Verwendung einer Elastomerklinge. Zur Überprüfung dieses Geschwindigkeitsbereichs bedarf es allerdings einer PBF-LB/M-Anlagentechnik, die eine entsprechende Erhöhung der Schichtauftragsgeschwindigkeit ermöglicht.

Für eine Schichtdicke von 60 µm sinkt bei Verwendung der Elastomerklinge die durchschnittliche relative Materialdichte auf 99,6 %, erscheint nach Beurteilung der Probenkörperpositionen über den gesamten Geschwindigkeitsbereich aber auch schwankungsanfälliger. Ein klarer Trend in Bezug auf die Schichtauftragsgeschwindigkeit lässt sich jedoch auch hier nicht ableiten. Die Vermutung liegt nahe, dass auch für 60 µm noch höhere Auftragsgeschwindigkeiten möglich sind.

Anders verhält es sich für eine Schichtdicke von 90 µm bei Verwendung der Elastomerklinge. Die ermittelten relativen Dichten der Probekörper fallen zum Teil signifikant, bis zu 1,5 %, ab. Eine geringe Abhängigkeit in Bezug auf die zunehmende Geschwindigkeit ist erkennbar. Jedoch zeigt sich auch hier die Positionierung der Proben relativ zueinander, als auch relativ zum Bauplattformzentrum, in den Dichtewerten. Dieser negative Einfluss durch Prozessnebenprodukte wie Prozessspritzer wurde eingehend von Kohlwes in [68] untersucht und nachgewiesen.

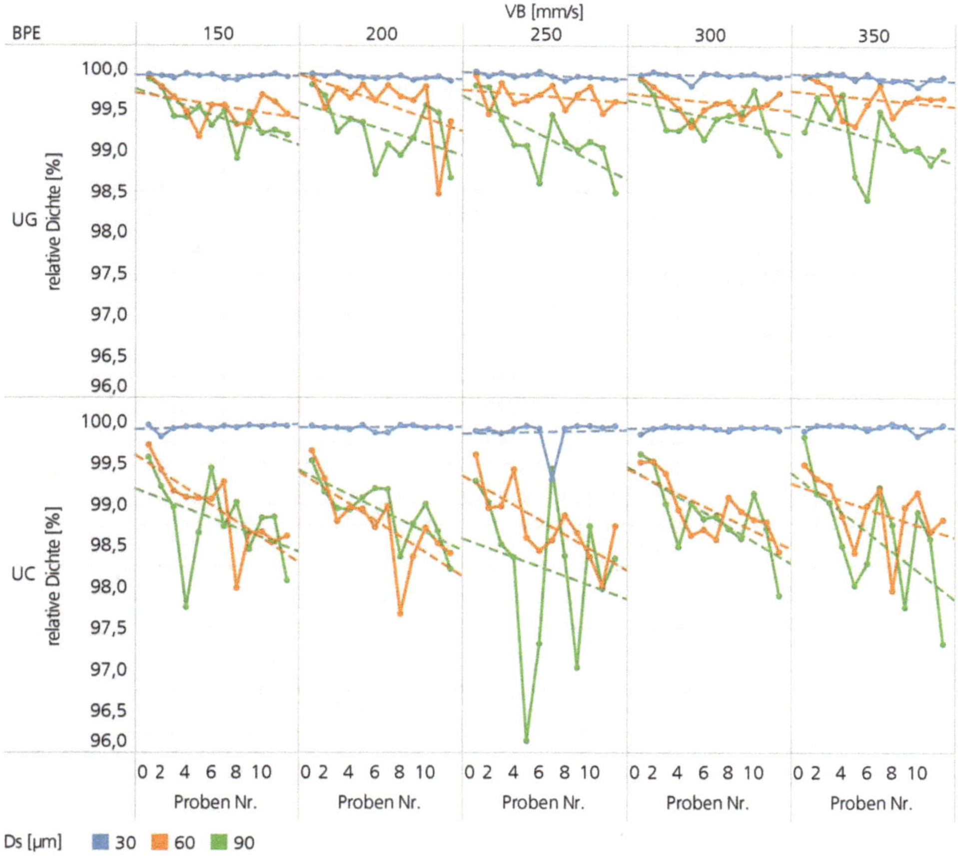

Abbildung 5.16: Liniendiagramme zur Gegenüberstellung der Schichtauftragselemente Elastomerklinge und Kohlenstofffaserbürste, aufgetragen wird die relative Dichte über alle Probenpositionen 1 bis 12 für die unterschiedlichen Schichtauftragsgeschwindigkeiten

Die Dichteanalyse für die Probekörper der Versuche mit Kohlestofffaserbürste bei einer Schichtdicke von 60 und 90 µm spiegeln den Trend in Bezug auf die inhomogenere Oberfläche des Pulverbetts wider, der mit Anstieg der Schichtauftragsgeschwindigkeit eintritt. Zum Teil fallen die Dichtewerte für einzelne Probekörper um bis zu 4 %. Dabei könnte eine fehlende Verdichtung des Pulvers bei höheren Geschwindigkeiten im Schichtauftrag ursächlich sein, die bereits durch die Untersuchungen zur Pulverdichte von Seyda in [99] thematisiert wurde.

Im Resümee kann festgehalten werden, dass die Elastomerklinge im Vergleich zur Kohlenstofffaserbürste als prozessfähigeres Beschichtungselement betrachtet werden kann (siehe Abbildung 5.16). Eine Erhöhung der Auftragsgeschwindigkeit hat einen negativen Einfluss auf die Homogenität des Pulverbetts, jedoch wurde keine signifikante Verminderung in den resultierenden Bauteildichten bei Schichtdicke 30 µm für die betrachteten Schichtauftragselemente beobachtet. Es wird angenommen, dass bei Verwendung von 30 µm als Schichtdicke die Auftragsgeschwindigkeit über eine Geschwindigkeit von 350 mm/s hinaus weiter erhöht werden kann, ohne signifikante Minderungen in den Bauteileigenschaften zu erwarten.

5.4 In-situ: Einfluss der Positionierung der Probekörper

Aufgrund der Ergebnisse der Dichteanalyse in Abbildung 5.15 und der Erkenntnisse aus Abschnitt 5.3 lässt sich die Hypothese ableiten, dass die relative Bauteildichte von der Probenposition und der Kontamination in starker Weise beeinflusst wird. Je weiter sich die Proben vom Zentrum entfernen und je mehr sie durch den Belichtungsprozess bedingte Spritzer und Schmauch kontaminiert werden, desto geringer ist die relative Bauteildichte des jeweiligen Probekörpers.

Um die auffällige Abhängigkeit der Dichtewerte der Probekörper in Relation zu der Positionierung zu betrachten, werden die Belichtungsflächen der Probekörper durch die Pulverbettüberwachung untersucht. Durch Segmentierung kann eine dem Probekörper zugehörige Belichtungsfläche aus den Belichtungsscans der Pulverbettüberwachung extrahiert und separat analysiert werden. Dies wird für alle Schichten, die einer Parameterkombination zugehörig sind, durchgeführt und die Homogenität H dieser Fläche bestimmt.

In Abbildung 5.17 wird die relative Dichte der Probekörper über die Homogenität der zugehörigen Belichtungsfläche aufgetragen und separiert für die zwei Schichtauftragselemente und die Schichtdicken dargestellt. Während eine hohe Streuung in der mittleren Standardabweichung für eine Schichtdicke von 30 µm keinen Einfluss auf die Dichte der Probekörper zu haben scheint und alle Parameterkombinationen als robust zu betrachten sind, ist diese Aussage für die Schichtstärken 60 und 90 µm nicht vertretbar. Trotz nur geringem Anstieg in der Streuung der mittleren Standardabweichung der Schichthöhendaten, fallen die Dichtewerte in signifikanter Weise ab. Eine Kontamination durch Prozessnebenprodukte als Ursache spiegelt sich in den Daten der Homogenität jedoch nicht wider. Um diese Hypothese zu validieren, sind weitere Untersuchungen erforderlich, z. B. anhand einer Erhöhung der Packungsdichte der Probekörper auf der Bauplattform und anschließender statistischer Auswertung der Messdaten erfolgen kann.

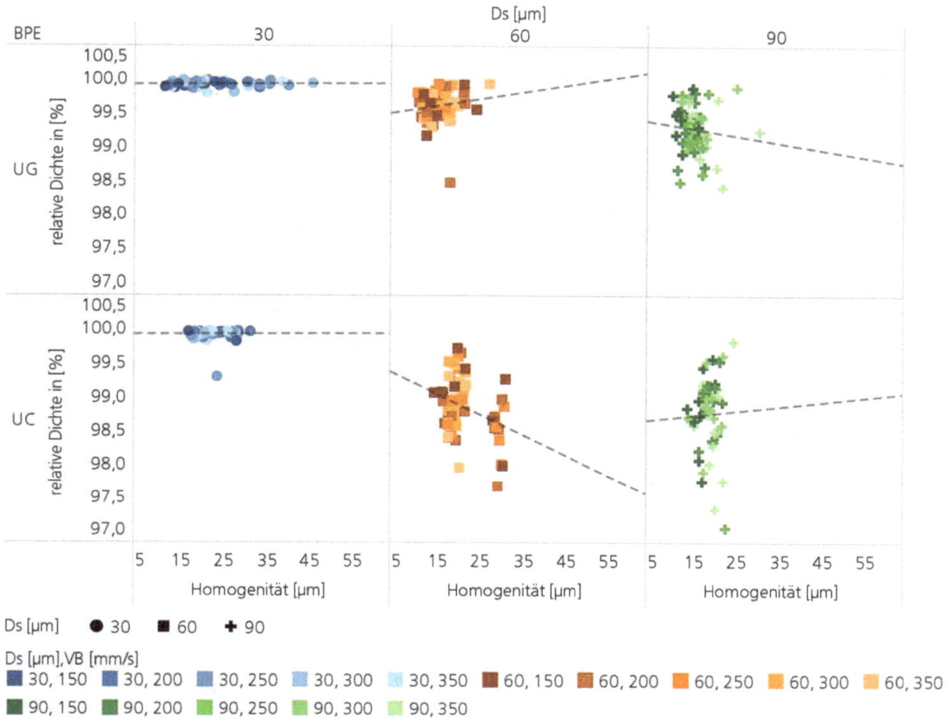

Abbildung 5.17: Streudiagramme zur Visualisierung des Zusammenhangs zwischen Homogenität der Belichtungsfläche und relativer Dichte, unterteilt nach Schichtauftragselement und Schichtdicke

5.5 Produktivitätssteigerung durch beschleunigten Pulverschichtauftrag

Durch die Analyse und Bewertung der topographischen Höhendaten im Pulverschichtauftrag konnten für unterschiedliche Parameterkombinationen die Prozessfähigkeit und Defektanfälligkeit ermittelt werden.

Die In-situ-Versuche validieren robuste Parameterkombinationen für eine Pulverschichtdicke von 30 µm und bis zu einer Auftragsgeschwindigkeit von 350 mm/s für die Elastomerklinge und die Kohlenstofffaserbürste als Schichtauftragselemente. Die Ex-situ-Versuche legen nahe, dass die Geschwindigkeit ohne Einbußen in der Pulverbettqualität bis mindestens zu einer Geschwindigkeit von 500 mm/s gesteigert werden kann. Eine Validierung konnte aufgrund fehlender Möglichkeiten in der Anlagentechnik jedoch nicht angetreten werden und stellt einen Anknüpfungspunkt für nachfolgende Arbeiten dar. So auch die weiterführende Betrachtung der Stahlklinge.

In Bezug auf die Produktivität im Fertigungsprozess bedeutet eine Steigerung der Schichtauftragsgeschwindigkeit auf 350 mm/s eine deutliche Reduktion der Prozessnebenzeit.

Das Einsparpotenzial steigt dabei mit der Ausdehnung des Pulverbetts, die in Richtung der Verfahrrichtung des Beschichters verläuft, da die Dauer des Schichtauftrags mit der Verfahrdistanz ansteigt.

Der Pulverschichtauftrag benötigt für eine Pulverbettlänge von 250 mm eine Schichtauftragszeit von durchschnittlich 5 Sekunden. Dieser Wert lässt sich für größere Pulverbettdimensionen in erster Näherung linear skalieren. Der Anteil des Schichtauftragsprozesses an der Gesamtprozessdauer eines AlSi10Mg-Beispielbaujobs von 30 Stunden auf einer Kleinformatanlage kann näherungsweise mit etwa 4,5 Stunden (15 %) angenommen werden, wenn die Schichtauftragsgeschwindigkeit 150 mm/s beträgt und die Packungsdichte der Bauteile im Schnitt 10 % der Pulverbettfläche einnimmt. Wird weiter angenommen, dass in großformatigeren Anlagenklassen ein Anstieg der durchschnittlich benötigten Belichtungsdauer durch den Trend zu Mehrlasersystemen vollständig kompensiert wird, lässt sich das Einsparungspotenzial skalieren. Diesen Annahmen zugrunde ergibt sich die potentielle Produktivitätssteigerung in Tabelle 5.1.

Tabelle 5.1: Hochrechnung der potentiellen Einsparung durch beschleunigten Pulverschichtauftrag

Anlagengrößenklasse	Pulverbettlänge [mm]	Schichtauftragsgeschwindigkeit [mm/s]	Gesamtdauer des Pulverschichtauftragsprozesses [Stunden]	Gesamtdauer der Belichtung und weiteren Prozessnebenzeiten [Stunden]	Gesamtdauer des Fertigungsprozesses [Stunden]
Kleinformat (mind. 1 Laser)	250	150 (Referenz)	4,5	25,5	30
		350 (validiert)	1,93	25,5	27,43
		500 (nicht validiert)	1,35	25,5	26,85
Mittelformat (mind. 4 Laser)	500	150 (Referenz)	9	25,5	34,5
		350 (validiert)	3,86	25,5	29,36
		500 (nicht validiert)	2,7	25,5	28,2
Großformat (mind. 16 Laser)	1.000	150 (Referenz)	13,5	25,5	39
		350 (validiert)	5,78	25,5	31,28
		500 (nicht validiert)	4,05	25,5	29,55

Graphisch aufbereitet und prozentual beziffert wird das Potenzial für die Produktivitätssteigerung für die unterschiedlichen Schichtauftragsgeschwindigkeiten nochmals verdeutlicht (siehe Abbildung 5.18). Dem aktuellen Entwicklungstrend folgend steigt das Potenzial zur Reduktion der Kosten mit immer größerer Dimension des Pulverbetts signifikant an.

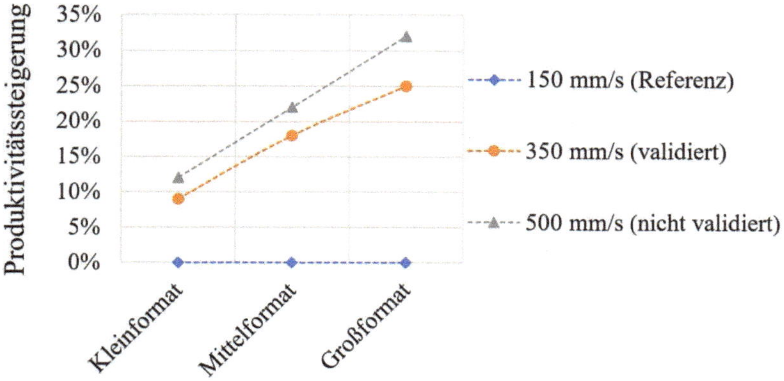

Abbildung 5.18: Graphische Darstellung der potentiellen Produktivitätssteigerung für unterschiedliche Schichtauftragsgeschwindigkeiten, aufgetragen über die PBF-LB/M-Anlagengrößenklassen

6 Potenzialanalyse für die industrielle Anwendung

6.1 Systemanforderungen

Die Systemanforderungen sind für gängige Größenformate der unterschiedlichen Anlagenhersteller formuliert, bilden aber auch den technologischen Trend in Richtung von Großformatanlagen jenseits des 1-Kubikmeter-Bauraums ab, der sich aktuell am Markt fortsetzt.

Tabelle 6.1: Systemanforderungen für die Streifenlichtprojektion als Pulverbettüberwachung im PBF-LB/M-Verfahren

Anforderung	Wert
Laterale Auflösung (X-Y)	100 µm
Tiefenauflösung (Z)	< 15 µm
Messzeit für Scan	< 250 ms
Schnelle Bildanalyse mit um Faktor 5 reduzierter Auflösung vor und nach dem Pulverauftrag (z. B. für Kollisionsschutz, Pulverfehlzustellung)	< 250 ms
Detaillierte Bildanalyse mit voller Auflösung innerhalb der Prozesszeit der Folgeschicht (innerhalb der Belichtungszeit / der Beschichtungszeit)	< 10 s
Anlagengrößenklasse 1 – Kleinformat (z. B. SLM 280 HL, EOS M290, CA M2 Series5, u. a.) 2 – Mittelformat (z. B. SLM 500 HL, EOS M400, CA MLine, u. a.) 3 – Großformat (z. B. SLM NXG 600 XII, EOS M290, CA XLine 2000R, u. a.)	Pulverbettdimensionen um 250 × 250 mm² um 500 × 500 mm² bis 1.000 × 1.000 mm²

6.2 Skalierbarkeit der Systemlösung

Dieser Abschnitt beinhaltet eine Auswahl von in Frage kommenden Komponenten und eine konzeptionelle Umsetzung des SL3D-Pulverbettüberwachungssystems zur Integration in die verschiedenen Größenklassen industrieller PBF-LB/M-Anlagentechnik (siehe Abbildung 6.1). Zudem werden die zu erwartenden Spezifikationen und Schnittstellen zur allgemein betrachteten Anlagentechnik diskutiert.

D. Jutkuhn, *Qualitätsprüfung für das Pulverbett im selektiven Laserschmelzprozess*, Light Engineering für die Praxis,
https://doi.org/10.1007/978-3-662-72754-6_6

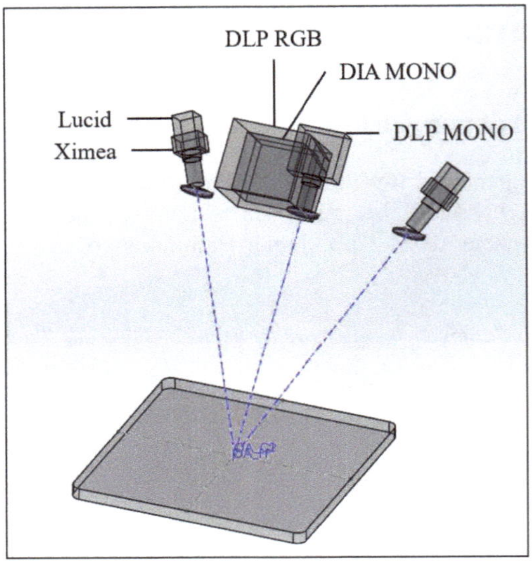

Abbildung 6.1: Skalierbare Systemlösung für die Anlagengrößenklassen 1 bis 3

Tabelle 6.2: Optische Konfigurationen für die Anlagengrößenklassen 1 bis 3

	Bauraum / FOV		Angenommener Arbeitsabstand	Vorgabe an laterale Messauflösung		Minimale benötigte Chipauflösung (Kamera)		Aprroximierte Neigungswinkel		Scheimpflug-Bedingung	Betriebsmodus
Anlagengrößenklasse	X [mm]	Y [mm]	WD [mm]	Detaillierte Analyse [mm]	Schnelle Analyse [mm]	Detaillierte Analyse [MP]	Schnelle Analyse [MP]	Kamera [Grad]	Projektor [Grad]	Winkel [Grad]	Kamerachip
1	250	250	500	0,1	0,5	7,84	0,31	15	15	1	2×2-Binning + ROI
2	500	500	500	0,1	0,5	14	0,56	10	10	1	2×2-Binning + ROI
3	1.000	1.000	700	0,1	0,5	60	2,4	10	10	1	ROI

2 × 2-Binning

Eine Reduktion der Auflösung durch Zusammenfassen von Pixel zu Pixelblöcken. Dabei wird der Signal-Rauschabstand erhöht. Bei Faktor 2 × 2 wird die Auflösung in beiden räumlichen Dimensionen eines Flächensensors auf die Hälfte der ursprünglichen Auflösung reduziert. Die resultierende Bildauflösung liegt bei einem Viertel der ursprünglichen Auflösung des Flächensensors.

ROI (Region of Interest)

Eine Reduktion der Bildgröße durch Anwenden eines Ausschnitts auf die Aufnahme, um auf den Bildanteil, der von Interesse ist, zu reduzieren. Die Auflösung innerhalb des Bildausschnitts bleibt dabei erhalten.

6.2.1 Varianten nach Anlagengrößenklasse

Alle Varianten des Messsystems, unabhängig von der betrachteten Anlagengröße, benötigen für die Abbildung der in Abschnitt 6.1 zu erfüllenden Anforderungen die Konfiguration der Hardware-Komponenten aus Tabelle 6.3.

Tabelle 6.3: Übersicht der wesentlichen Hardware-Komponenten eines Messsystems pro PBF-LB/M-Anlage

Komponente	Zukaufteil / zu entwickelnde Komponente	Benötigte Anzahl
Hochauflösende Kamera	Zukauf	2
Machine-Vision-Kameraobjektiv	Zukauf / Entwicklung	3
Scheimpflugadapter für Objektiv	Entwicklung	3
Streifenlichtprojektor	Entwicklung	1
Mechanische Halterungen für Kamera und Projektor	Entwicklung	3
Messplatte und Zubehör (elektrisch, mechanisch)	Zukauf / Entwicklung	1

6.2.2 Komponentenauswahl der Systemvarianten

6.2.2.1 Kameramodelle

Zwei am Markt verfügbare Kameramodelle (siehe Tabelle 6.4) erfüllen die Anforderungen an die Auflösung und Abdeckung der Bauebene (Bauplattform) für alle Anlagengrößenklassen. Bei der Kamera von Ximea kann in einem speziellen Aufnahmemodus die Auflösung von 65 MP auf einen zentralen Sensorbereich von 50 MP reduziert werden, ohne die Anforderungen zu verletzen. Zusammen mit dem verwendeten Global Shutter und einer hohen Framerate ergibt sich eine extrem schnelle Auslesezeit von < 2 ms. Die Kamera vom Hersteller Lucid Vision Labs weist im Vergleich eine geringe Framerate auf und nutzt im Gegensatz zum Modell von Ximea einen Rolling Shutter, der die Auslesezeit auf über 40 ms je Aufnahme erhöht.

In Anbetracht der hohen zeitlichen Anforderung von 500 ms für einen topographischen Scan der Bauebene ist das Kameramodell von Ximea die leistungsstärkere Wahl. Zudem bietet die Kamera von Ximea das Potenzial der Abdeckung für noch größere Bauebenen (Bauplattformen) von einer zukünftigen Anlagengrößenklasse von 1.000 × 1.000 mm bei einer abgeschätzten lateralen Auflösung < 100 µm, wenn die vollständige Auflösung von 65 MP ausgespielt wird.

Tabelle 6.4: Auswahl an Kameramodellen [76, 113]

Hersteller	Modellbezeichnung	Auflösung des Chips	Verschluss	Stückpreis
Lucid Vision Labs	Atlas10 [76]	47 MP / 8.192 × 5.556 px	Rolling Shutter	2.500 EUR
Ximea	XIB CB654MG-GP-X8G3 [113]	65 MP (50 MP) / 9.344 × 7.000 px	Global Shutter	11.500 EUR

Tabelle 6.5: Eignung der Kameramodelle für die Anlagengrößenklassen 1 bis 3

Kameramodell	Auflösung [MP]	Laterale Auflösung in x [µm]	Laterale Auflösung in x [µm]	Tiefenauflösung [µm]
Lucid Vision Labs ATLAS10 [76]				
Anlagengrößenklasse 1	≥ 7,84	≤ 100	≤ 100	≤ 15
Anlagengrößenklasse 2	≥ 14	≤ 100	≤ 100	≤ 15
Anlagengrößenklasse 3	47	≤ 130	≤ 130	≤ 15
Ximea XIB CB654MG-GP-X8G3 [113]				
Anlagengrößenklasse 1	≥ 7,84	≤ 100	≤ 100	≤ 15
Anlagengrößenklasse 2	≥ 14	≤ 100	≤ 100	≤ 15
Anlagengrößenklasse 3	≥ 60	≤ 100	≤ 100	≤ 15

6.2.2.2 *Streifenlichtprojektormodelle*

Unter Berücksichtigung einer verallgemeinerten Einbausituation oberhalb der Baukammer, der spezifischen Anforderungen an die Funktionsweise sowie die zeitlichen Aspekte bei den Messungen pro Schicht im Druckprozess, gibt es keine am Markt kommerziell verfügbaren Streifenlichtprojektoren, die den Anforderungen gerecht werden. Es bedarf der Entwicklung eines für den spezifischen Anwendungszweck vollumfänglich ausgelegten Designs eines Analog- oder Digitalprojektors durch einen Messtechnikhersteller. Die Spezifikationen und Kosten pro Stück (siehe Tabelle 6.6) sowie die Baugröße bei Auslegung (siehe Abbildung 6.2) stellen dabei Richtwerte dar, die in Austausch mit einem Messtechnikhersteller überschlägig abgeschätzt wurden. Insbesondere die Baugröße dürfte bei dem final entwickelten Produkt deutlich unterschritten werden, da die Möglichkeiten der Faltung des optischen Strahlengangs und Anordnung der Projektorkomponenten erst bei Auslegung des Designs ausgeschöpft werden können.

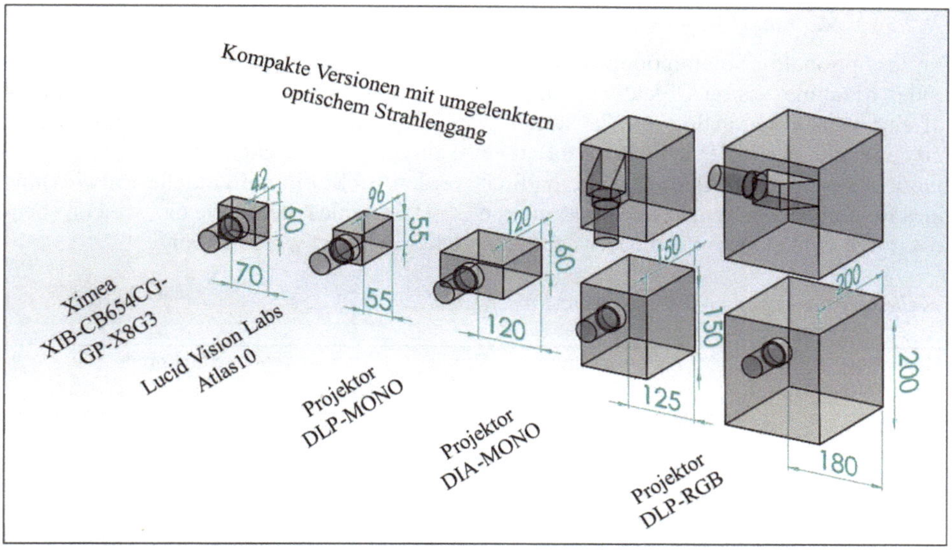

Abbildung 6.2: Größenvergleich der verschiedenen Komponenten (alle Angaben in mm)

Digitalprojektoren (DLP) spiegeln den aktuellen Stand der Technik wider und sind technisch den Diaprojektoren überlegen. Sie weisen keine bewegten Teile auf, die zu projizierenden Muster sind wiederholbar und individuell anpassbar (siehe Tabelle 6.6), bei höchster Lebensdauer. Die Monochrom-Variante eines DLP (DLP-MONO) geht auf eine aktuelle Entwicklung eines namhaften Messtechnikhersteller zurück und stellt eine Abschätzung für die aktuelle Grenze in Kompaktheit der Bauweise dieser Komponente dar.

Tabelle 6.6: Streifenlichtprojektoren

Modell	Digital / analog	Monochrom / RGB	Bewegte Teile	Stückpreis
DLP-RGB	digital	RGB	keine	18.000 bis 20.000 EUR (Abschätzung)
DLP-MONO	digital	monochrom	keine	13.000 bis 15.000 EUR (Abschätzung)
DIA-MONO	analog	monochrom	mechanische Verschiebung	5.000 EUR (Abschätzung)

In Frage kommende Diaprojektoren (DIA) verschieben eine Maske mittels Piezo-Schrittmotor, durch Unterstützung einer Flexture-Struktur, die eine hohe Genauigkeit, Wiederholbarkeit und lange Lebensdauer in der Positionierung garantiert. Die zu projizierenden Muster von analogen Projektoren sind hochauflösender als die von DLP. Gleichzeitig benötigt die mechanische Verschiebung mehr Zeit im Vergleich zu Digitalprojektoren. Sie erlauben eine deutlich kompaktere Bauform als vergleichbare Digitalprojektoren. Ein Digitalprojektor stellt im hier aufgezeigten Anwendungsfall die robustere und präzisere Komponente dar, zeigt allerdings Nachteile in Musterauflösung und Herstellungskosten.

6.2.2.3 Machine-Vision-Kameraobjektive

Für das optionale Kameramodell XIB CB654MG-GP-X8G3 von Ximea konnte kein passendes Machine-Vision-Objektiv gefunden werden, welches die vollständige Abbildung auf eine Sensordiagonale von 37,4 mm ermöglicht, eine Brennweite von 22 mm besitzt und dabei gleichzeitig eine kompakte Bauweise aufweist. Sollte auch zukünftig kein kommerzielles Modell auf dem Markt erhältlich werden, stellt die individuelle Entwicklung eines für den Anwendungszweck optimierten Objektivs eine Alternative dar, welche ebenfalls durch einen Optik- oder Messtechnikhersteller geleistet werden könnte.

Tabelle 6.7: Auswahl an Machine-Vision-Kameraobjektiven [60, 25]

Hersteller	Modellbezeichnung	Brennweite	Max. Sensorgröße	Stückpreis
Schneider Kreuznach	TOURMALINE 2.8/16 [60]	16 mm	24 mm (diagonal)	1.200 EUR
Custom-Entwicklung	(ähnlich ZEISS Milvus f 2.8/21)** [25]	21 mm	29,9 × 22,4 mm (diag.: 37,4 mm)	1.500 bis 2.500 EUR (Abschätzung)

* Passend für Kamera Atlas10 von Lucid Vision Labs und Projektoren

** Nur passend für Kamera XIB CB654MG-GP-X8G3 von Ximea

6.2.2.4 Scheimpflugadapter / Tilt-Objektivadapter

Ein für den Anwendungszweck spezifisch ausgelegter Scheimpflugadapter (Tilt-Objektivadapter) mit einer statischen Verkippung von 1° bedarf ebenfalls der Entwicklung.

Tabelle 6.8: Auswahl an Scheimflugadaptern / Tilt-Objektivadaptern

Hersteller	Modellbeschreibung	Statischer Kippwinkel	Stückpreis
Custom-Entwicklung	Tilt-Objektadapter* zur Verkippung der optischen Achse gegenüber dem Kamerasensor / Projektor-Mikrospiegelarray → Scheimpflug-Bedingung	1°	300 bis 500 EUR (Abschätzung)

* Scheimpflugadapter passend für alle Kameras/Objektive/Projektoren

6.2.3 Variantenübersicht mit Einschätzung der Hardware-Kosten

Für die Integration bedarf es neben den einzeln thematisierten Komponenten anlagenindividueller Halterungen für die Anordnung der Kameras und des Projektors, Zubehör sowie individueller Messplatten, die ebenfalls zu entwickeln sind. Kumulierte Kosten für diese Komponenten werden mit zusätzlichen 5.000 EUR angenommen. Eine Gesamtkostenabschätzung für die sich aus den Komponenten ergebenden möglichen Varianten findet sich in Tabelle 6.9.

Tabelle 6.9: Übersicht der Hardware-Kosten für die Systemvarianten

Variante	Kamera-modell		Kamera-objektiv		Projektor			Scheim-pflug-Ad.	Mech. Halterung	Messplatte	Abschätzung der Hardware-Gesamtkosten
	Lucid Vision Labs Atlas10	Ximea XIB CB654MG-GP-X8G3	Schneider Kreuznach TOURMALINE 2.8/16	Custom-Entwicklung	DLP-RGB	DLP-MONO	DIA-MONO	Custom-Entwicklung	Kamera- und Projektorhalterungen sowie Zubehör	Kalibriermessplatte sowie Zubehör	
#1	2	-	3	-	1	-	-	3	3	1	32.500 bis 35.100 EUR
#2	-	2	1	2	1	-	-	3	3	1	51.100 bis 55.700 EUR
#3	2	-	3	-	-	1	-	3	3	1	27.500 bis 30.100 EUR
#4	-	2	1	2	-	1	-	3	3	1	46.100 bis 50.700 EUR
#5	2	-	3	-	-	-	1	3	3	1	19.500 bis 20.100 EUR
#6	--	2	1	2	-	-	1	3	3	1	38.100 bis 40.000 EUR

Die Gesamtkosten bewegen sich demnach je nach technischer Ausführung und Leistungsumfang der Komponenten in einer Spanne von ca. 20.000 EUR bis knapp über 55.000 EUR und liegen damit in der Größenordnung im Bereich von aktuell kommerziell erhältlichen Messsystemen für die Pulverbettüberwachung, bei gleichzeitig deutlich erhöhter Auflösung und Genauigkeit.

6.3 Prozessintegration und Funktionsumfang

6.3.1 Messkonzept und -ablauf

Das Messsystem bedarf neben den hinreichenden räumlichen Auflösungen eine ausreichend schnelle Messdatenaufnahme als auch -verarbeitung, um den laufenden Fertigungsprozess nicht zu verlangsamen. Demnach müssen alle für die Erfassung, Auswertung und Ausgabe erforderlichen Prozessschritte (Hardware und Software) mit dem bereits bestehenden Prozessablauf vollständig zu synchronisieren sein.

6.3.1.1 Messzeit und echtzeitfähige Datenauswertung

Vorgesehen sind prozessbegleitende und schichtweise Messungen zur topographischen Erfassung des Pulverbetts nach Pulverauftrag durch den Beschichter als auch die Erfassung der Bauebene nach Belichtung mit dem Prozesslaser.

Pro Messung erstellt das SL3D-System vier Aufnahmen bei vier verschiedenen Streifenmustern, die vom Projektor auf die Oberfläche der Bauebene / des Pulverbettes projiziert werden. Je Aufnahmensatz eines Scans dürfen die Kameras eine Messdauer von 250 ms nicht überschreiten, um genügend Zeit für die 3D-Rekonstruktion des topographischen Abbilds als auch der Analyse der Höhendaten innerhalb der Gesamtdauer von maximal 250 ms zur Verfügung zu stellen.

Tabelle 6.10: Abschätzung der Messdauer für den topographischen Einzelscan [63]

Variante	Belichtungszeit [ms]	Verstärkungsfaktor	Auslesezeit [ms]	Zeit für Wechsel des Streifenmusters [ms]	Anzahl Aufnahmen pro Messung	Gesamtmessdauer [ms]
#1	15	3,3	44,3 @ 10 bit	3,3 (DLP)	4	250,4 @ 10 bit
#2	50	1	< 2 @ 10 bit	3,3 (DLP)	4	221,2 @ 10 bit
#3	15	3,3	44,3 @ 10 bit	3,3 (DLP)	4	250,4 @ 10 bit
#4	50	1	< 2 @ 10 bit	3,3 (DLP)	4	221,2 @ 10 bit
#5	13,2	3,8	44,3 @ 10 bit	< 5 (DIA)	4	250 @ 10 bit
#6	50	1	< 2 @ 10 bit	< 5 (DIA)	4	228 @ 10 bit

Aus den vier Aufnahmen wird ein dreidimensionales Abbild der Topographie des Objektes rekonstruiert (3D-Rekonstruktion). Die Berechnungszeit steht in Abhängigkeit der Systemauflösung (Detaillierte Analyse) und dem Downsampling (Decimation) der Auflösung für die schnelle Analyse.

Durch Verknüpfung der Analyseroutinen mit einer künstlichen Intelligenz und einer zeitoptimierten Auslegung in der Datenverarbeitung besteht die Zuversicht, die schnelle Analyse der topographischen Abbilder bei allen Varianten für eine Bittiefe von 10 bit (1.064 Graustufen) innerhalb des vorgegebenen Zeitraums zu bewältigen (vergleiche Tabelle 6.10). Die deutlich günstigere Kamera von Lucid Vision Labs ist aufgrund des verhältnismäßig langsamen Rolling Shutters problematisch, da die Aufnahmezeit pro Bild deutlich länger ausfällt (Rolling-Shutter-Effekt). Daher benötigt es eines Kompromisses zwischen Belichtungszeit und Dynamik, um die Aufnahmezeit pro Scan auf das Maß von maximal 250 ms zu reduzieren. Durch Reduzierung der Belichtungszeit und Kompensation dieser durch Erhöhung der elektrischen Verstärkung wird jedoch das Signal-Rausch-Verhältnis (Dynamik) negativ beeinflusst. Dies wird für den Anwendungsfall unproblematisch sein, da keine hohe Dynamik in den erfassten Aufnahmen der Pulverbettszene besteht. Die ereignisbasierten Prozesseingriffe als Reaktion auf grobe Fehler, die zum Schutz vor Kollision des Beschichters mit exponierten Bauteilkanten und Strukturen als auch Fehlzustellung von Pulver unmittelbar im Prozessablauf aktiviert werden müssen, liegen demnach vor Beginn des erneuten Schichtauftrags vor.

Tabelle 6.11: Übersicht des Mess- /Analysevorgangs bei schneller und detaillierter Analyse [63]

Variante	Gesamtmessdauer [ms]	Berechnungszeit 3D-Rekonstruktion [ms]		Zeit für Auswertung [ms]		Gesamtdauer [ms] Detaillierte Analyse	Gesamtdauer [ms] Schnelle Analyse
		Detaillierte Analyse	Schnelle Analyse	Detaillierte Analyse	Schnelle Analyse		
#1	250,4	2.000	174	5.000 bis 10.000	70	7.000 bis 12.000	494,4
#2	221,2	2.000	174	5.000 bis 10.000	70	7.000 bis 12.000	465,2
#3	250,4	2.000	174	5.000 bis 10.000	70	7.000 bis 12.000	494,4
#4	221,2	2.000	174	5.000 bis 10.000	70	7.000 bis 12.000	465,2
#5	250	2.000	174	5.000 bis 10.000	70	7.000 bis 12.000	494
#6	228	2.000	174	5.000 bis 10.000	70	7.000 bis 12.000	472

Zusammengefasst enthält Tabelle 6.11 die jeweilige Gesamtdauer für die detaillierte und schnelle Analyse. Hierbei zeigt sich, dass die schnelle Analyse in der Lage ist, die benötigten Informationen über den Zustand der aktuellen Schicht innerhalb des vorgegebenen Zeitfensters von 500 ms zur Verfügung zu stellen. Die Gesamtdauer der detaillierten Analyse steht fundamental in Abhängigkeit der Anzahl der zu erfassenden Defektklassen und weiteren Größen der Pulverbettqualität, die es zu analysieren und bewerten gilt. Die Verarbeitungszeit für die Auswertung stellt daher eine reine Abschätzungsspanne dar, die mittels eines für den Zweck optimierten Softwareanalysetools als realistisch erscheint.

6.3.1.2 Potentielles Funktionsspektrum in der schnellen Analyse

Tabelle 6.12: Übersicht des potentiellen Funktionsspektrums der schnellen Analyse

Defektklasse	Funktion	Abgeleiteter Prozesseingriff
Exponierte Bauteilkanten und Strukturen (z.Fremdkörpern, Bauteilfragmenten)	▪ Schutz der Anlagentechnik vor Kollision und Beschädigung ▪ Fortbestand des Bauprozesses	▪ Bauabbruch von einzelnen Bauteilen ▪ Unterbrechung (Pausieren) oder Abbruch des kompletten Baujobs
Pulverfehlzustellungen (Lack-of-Powder)	▪ Erhaltung der Prozessfähigkeit	▪ Erneuter Pulverauftrag Änderung des Dosierfaktors
Pulveranhäufungen/-ablagerungen	▪ Entfernung von prozessstörenden Einflüssen, Erhaltung der Prozessfähigkeit	▪ Erneuter Pulverauftrag ▪ Änderung des Dosierfaktors ▪ Überprüfung des Pulverüberlaufs

6.3.1.3 Potentielles Funktionsspektrum in der detaillierten Analyse

Tabelle 6.13: Übersicht des potentiellen Funktionsspektrums der detaillierten Analyse

Defektklasse / Aspekt	Funktion	Abgeleiteter Prozesseingriff
Pre-process		
Kalibrierung des Messsystems	▪ Sicherstellung der Funktion	-
Nivellierung der Bauplattform	▪ Justage von Höhe und Orientierung	-
Initiale Pulverschicht („Ankratzen“)	▪ Definierte Schichtdicke für Anbindung an Bauplattform	-
Aufgeprägtes Beschichterprofil über Bauebenenbreite	▪ Kontrolle der korrekten Montage der Beschichterklinge	▪ Überprüfen des Sitzes der Beschichterklinge
Streifenbildung durch Beschichterklinge	▪ Zustand der Beschichterklinge vor Prozessstart	▪ Kontrolle und ggfls. Austausch der Beschichterklinge
In-situ		
Streifenbildung durch Beschichterklinge	▪ Zustand der Beschichterklinge	▪ Kontrolle und ggfls. Austausch der Beschichterklinge
Konturerkennung der Bauteile	▪ Kontrolle der Formtreue	▪ Anpassung der Belichtungsparameter
Topographie der Belichtungsflächen	▪ Kontrolle der Scanpfade und Belichtungsparameter	▪ Anpassung der Belichtungsparameter
Prozessspritzer auf Belichtungsflächen und Pulverbett	▪ Kontrolle der Belichtungsparameter ▪ Quantifizierung der Kontamination	▪ Anpassung der Belichtungsparameter
Prozessspritzertrajektorien	▪ Kontrolle der Gasströmung	▪ Umwälzung steuern
Schmauchkontamination auf Belichtungsflächen und Pulverbett	▪ Kontrolle der Belichtungsparameter ▪ Quantifizierung der Kontamination	▪ Anpassung der Belichtungsparameter
Homogenität und Planarität des Pulverauftrags	▪ Kontrolle der Güte des Pulverauftrags	▪ Anpassung der Schichtauftragsparameter
Rattermarken (Schwingung/Vibration)	▪ Kontrolle der Beschichters	▪ Anpassung der Schichtauftragsparameter
Auftragsverhalten entlang der Beschichtungsrichtung	▪ Kontrolle der Pulverfließfähigkeit und des Dosierfaktors	▪ Anpassung der Schichtauftragsparameter ▪ Änderung des Dosierfaktors
Post-process		
3D-Rekonstruktion über alle Schichten	▪ Bauteil- /Baujobabbild anhand der in-situ Konturerkennung	-
Visualisierung und Bewertung von Defekten	▪ Qualitätsbeurteilung des Baujobs / Bauteils	-
Ausgabe von Qualitätsfaktoren	▪ Beurteilung der Prozessfähigkeit	-
Dokumentation	▪ Prozessbericht / Log-File	-

6.3.2 Integration in den Prozessablauf

In Abbildung 6.3 wird verdeutlicht, dass sich die schnelle Analyse von Pulver-Scan und Belichtungs-Scan mit den Prozessen der Anlagentechnik parallelisieren lassen. Auch die detaillierte Analyse des Pulver-Scans wird innerhalb der darauffolgenden Belichtungszeit zur Verfügung stehen. Lediglich die detaillierte Analyse des Belichtungs-Scans wird erst nach Abschluss des Pulverauftragsprozesses bei kleinformatigen Anlagensystemen der Klasse 1 abgeschlossen werden, da der Schichtauftrag innerhalb geringerer Zeit von etwa 3 bis 5 Sekunden erfolgt.

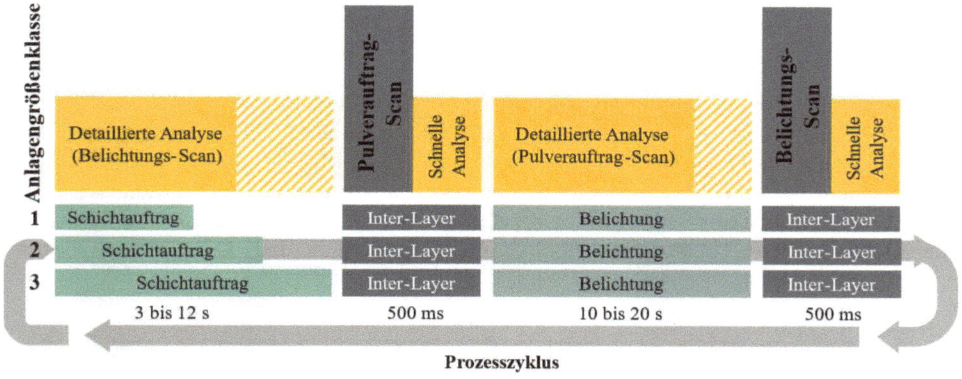

Abbildung 6.3: Visualisierung der Messzeitpunkte und der Parallelisierung von Prozess- und Messablauf

6.3.3 Potenzial in der Datenreduktion

Die in 3D rekonstruierten Daten der erfassten Pulverbettoberfläche liegen nach der Verarbeitung durch die Software Opto-Cat 2017 R1 als strukturiertes Polygonnetz bzw. Gitternetz vor, welches aus räumlichen Dreiecken (Trianglemesh) besteht. Jedes Dreieck des Netzes besteht also aus drei Punkten, die Anhand von x-, y- und z-Koordinaten eindeutig definiert werden. Das Polygonnetz wird im STL-Format abgespeichert. Dabei handelt es sich um ein Dateiformat zur Speicherung von Dreiecksnetzen, welches hier in der binären Variante vorliegt. Die binäre Variante des STL-Standards ist effizienter und benötigt bei gleichen Daten weniger Speicherplatz. Die Koordinaten der Eckpunkte sind als 32-Bit-Gleitkommazahlen (float32) hinterlegt. Diese verfügen über eine Genauigkeit von 24 Bit, was in etwa 7,2 Dezimalstellen entspricht.

Jedes Dreieck besteht aus einem Normalenvektor n_1, drei Eckpunkten p_1, p_2 und p_3 und nicht genutzten Metadaten mit einer Länge von 16 Bit. Der Normalenvektor sowie die Eckpunkte werden jeweils durch drei 32-Bit-Gleitkommazahlen definiert. Die Dateigröße, der mit der Auflösung B2 erzeugten STL-Dateien, liegt im Bereich von 1.500 bis 1.600 MB pro Schicht. Gerade größere Baujobs mit einer Vielzahl an Schichten resultieren damit in einer erheblichen Datenmenge, die selbst moderne Hardware zur Datenspeicherung schnell ausreizen kann.

6.3.3.1 *Variante 1 (V1)*

Der Normalenvektor n_1, der für jedes Dreieck in der Datei hinterlegt ist, lässt sich ebenfalls aus den drei Punkten des Dreiecks berechnen. Zwar gibt es für eine Ebene zwei mögliche Normalenvektoren mit inversem Vorzeichen, bei der hier gescannten Oberfläche sind allerdings alle Normalenvektoren gleich orientiert. Es handelt sich also um eine redundante Information, die aus den Daten entfernt werden kann. Die für Metadaten reservierten Bytes, die keine Informationen enthalten, können ebenfalls verworfen werden. Die bloße Speicherung der 96 Millionen Punkte bzw. der 32 Millionen Dreiecke ohne Normalenvektor trägt die Bezeichnung Variante 1 (V1). Unter Verwendung von 32-Bit Gleitkommazahlen beträgt der Speicherbedarf nur noch 1152 MB pro Schicht [16].

6.3.3.2 *Variante 2 (V2)*

Von den 96 Millionen Punkten der 32 Millionen Dreiecke sind nur 16 Millionen Punkte einzigartig. Der überwiegende Anteil der Punkte sind Bestandteil mehrerer Dreiecke und werden dadurch als Duplikate gespeichert. Anstatt der 96 Millionen redundanten Punkten brauchen lediglich die 16 Millionen einzigartigen Punkte gespeichert werden, wenn zusätzlich ein Indexvektor verwendet wird, der die Punkte zu den Dreiecken referenziert. Diese Variante 2 (V2) benötigt nur noch 576 MB pro Schicht [16].

6.3.3.3 *Variante 3 (V3)*

Die Speicherung der Daten aus der STL-Datei ist ineffizient, da es sich um unstrukturierte Daten handelt. Die Datenstruktur erlaubt es, komplexe dreidimensionale Geometrien wie die Oberfläche einer Kugel oder eines CAD-Bauteils abzubilden. Dieses Potenzial wird in diesem Fall weder genutzt noch benötigt.

Bei der gescannten Topographie handelt es sich um eine dreidimensionale Ebene mit sehr geringfügiger Variation in z-Richtung. Die Topographie mit in x-, y- und z-Richtung frei platzierten Punkten zu definieren, die expliziten Dreiecken zugeordnet sind, bietet keinen Mehrwert. Stattdessen bietet es sich an, die Oberfläche als strukturierte Datenstruktur zu definieren. Werden die Punkte äquidistant mit konstanten Abständen in x- und y-Richtung verteilt, muss nur ihre Position in z-Richtung gespeichert werden. Während Variante 2 mit 16 Millionen einzigartigen Punkten noch 576 MB an Speicherplatz benötigt, lässt sich dieselbe Information durch strukturierte Punkte mit einem Speicherbedarf von insgesamt 64 MB Speicherbedarf abbilden [16].

Zur Strukturierung der Daten kann ein Resampling-Algorithmus verwendet werden. Da hierbei die Messdaten jedoch irreversibel verändert werden, handelt es sich um eine verlustbehaftete Datenkompression. Die ursprüngliche STL-Datei des topographischen Scans kann nicht aus den Daten wiederhergestellt werden [16]. Sofern alle für Qualitätssicherung und Fertigungsdokumentation relevanten Daten erhalten bleiben, stellt dies jedoch kein Problem dar.

6.3.3.4 *Reduktion auf ROI (Bauplattform)*

Die akquirierten Scans, die der STL-Dateien zugrunde liegen, enthalten nicht nur die Bauplattform, sondern auch einen in Teilen erfassten Bereich der umliegenden Baukammer. Dieser lässt sich bereits bei der Datenerfassung und nicht erst in der Datenverarbeitung entfernen, um Speicherplatz einzusparen.

In diesem Fall erhalten wir mit Variante 2 und den unveränderten Daten innerhalb der Bauplattform eine Dateigröße von 408 MB, was einer Reduktion um 74 % der ursprünglichen Dateigröße entspricht. Die Verfahren, welche das hier beschriebene Vorgehen nutzen, sind in Abbildung 6.4 in türkis eingefärbt.

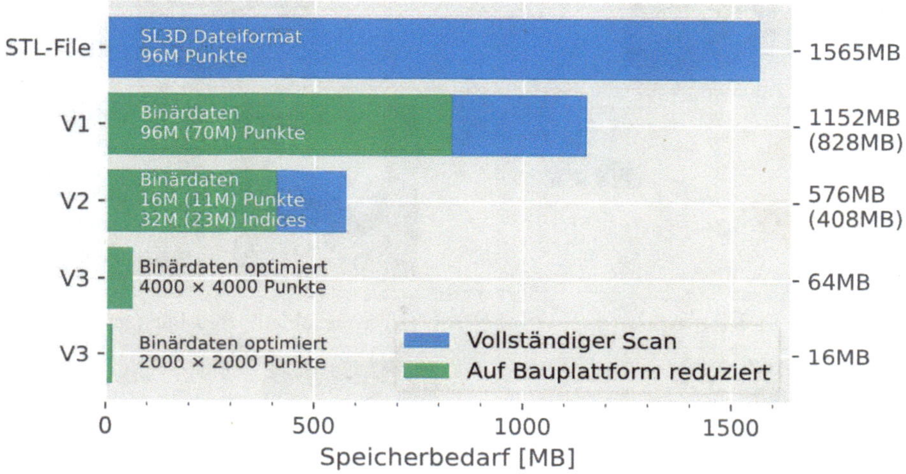

Abbildung 6.4: Optimierung des Speicherbedarfs anhand der Ansätze V1 bis V3 und der Reduktion auf die zu erfassende Bauplattform (ROI) [16]

6.4 Potentielle Einsatzmöglichkeiten von SL3D

Die Erfassung und qualitative als auch quantitative Analyse der Topographie des Pulverbetts und der Bauplattform eröffnen eine Vielzahl an Möglichkeiten der Überwachung des Bauprozesses, der Einflussnahme als auch der Unterstützung der Bedienung der Anlagentechnik. Sie offerieren ein tiefgreifenderes Verständnis des Bauprozesses und seiner Zustände, die Beschleunigung von Prozessabläufen und einer nachhaltigen Dokumentation zur Qualitätssicherung.

Alle Einsatzmöglichkeiten einer hochauflösenden topographischen Erfassung des Pulverbetts, die zum Teil in den vorherigen Kapiteln untersucht wurden oder in weiterführenden Arbeiten beleuchtet wurden, werden an dieser Stelle in den Folgeunterabschnitten nochmals zusammengefasst.

6.4.1 Erfassung von Prozessinstabilitäten und Defekten

Die Auswertung der topographischen Messdaten von initialer Bauplattform, Pulverbett nach dem Schichtauftrag und Bauebene nach der Belichtung ermöglicht die Identifikation und Klassifikation einer Vielzahl an Prozesszuständen, Störgrößen und Defekten im Prozessgeschehen (siehe Abbildung 6.5). Auszugsweise werden beispielhafte Abbildungen von verschiedenen Defektklassen präsentiert, die schon heute mit der bestehenden Pulverbettanalytik als Datenverarbeitungstool am Fraunhofer IAPT existiert und die Messdaten vollautomatisch interpretiert.

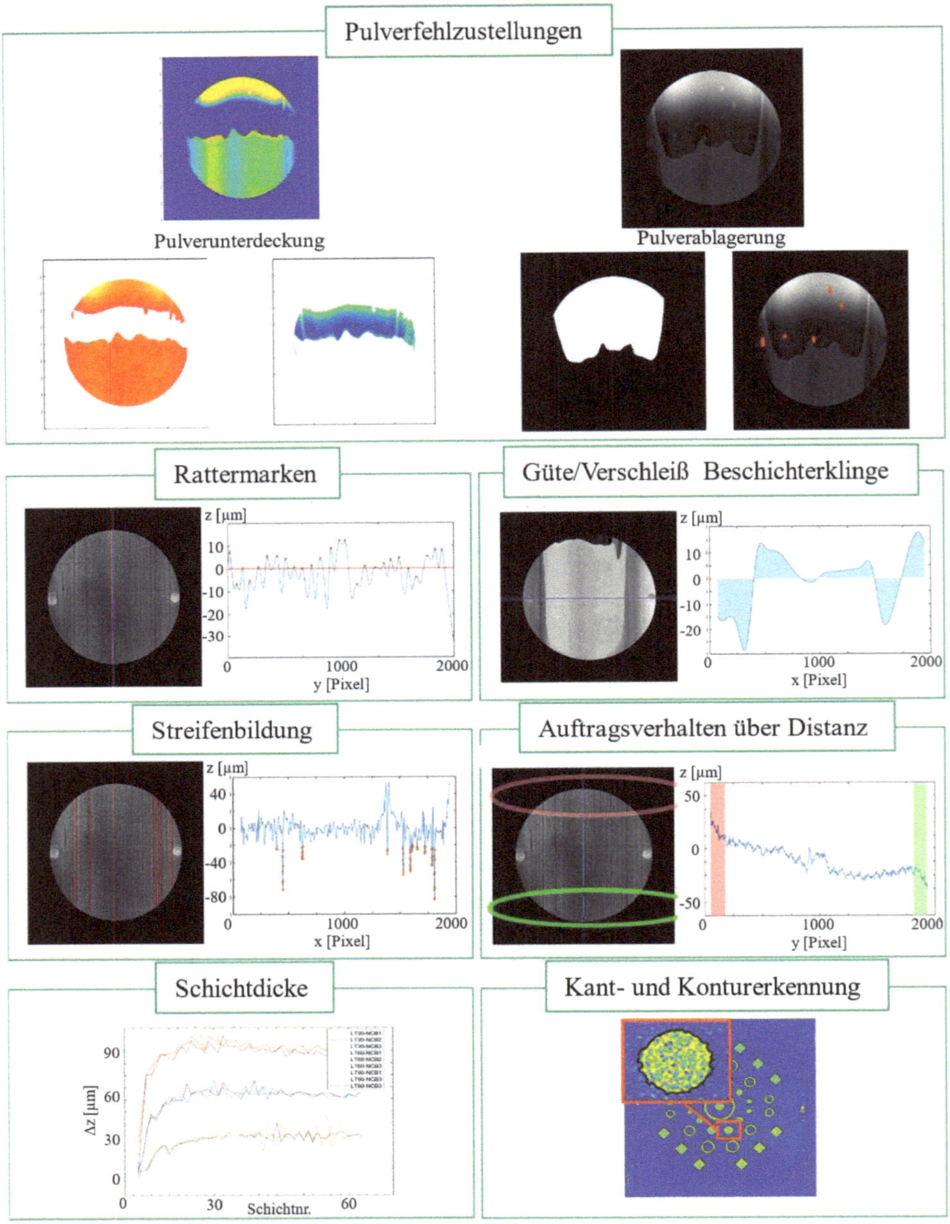

Abbildung 6.5: Visualisierung der Bildauswertungen von beispielhaften Prozesszuständen, Störgrößen und Defektklassen anhand der topographischen Pulverbettaufnahmen von SL3D [17]

6.4.2 Erweiterte Systemfunktionen in der Anwendung

Neben den offenkundigen Möglichkeiten der Überwachung des Pulverbetts, der in Bau befindlichen Bauteile und des Pulverschichtauftragsverhalten ergeben sich weitere vorteilhafte Systemfunktionen des SL3D-Systems in der Anwendung:

6.4.2.1 Unterstützung einer automatischen Nivellierung der Bauplattform / Beschleunigung des Anlagenrüstprozesses

Nach Einbringung der Bauplattform kann diese in Höhe und Orientierung anhand von Aufnahmen des SL3D-Messsystems automatisch positioniert werden, sofern eine entsprechende Verknüpfung der Anlagensteuerung mit dem Messsystem vorhanden ist. Durch wiederholte Messungen kann die optimale Position der Bauplattform iterativ und vollautomatisch eingenommen werden.

Zudem können Defektfreiheit, Position und Orientierung des schichtauftragenden Elementes sowie Fließfähigkeit und Dosierfaktor des Pulvers anhand des ersten Pulverauftrags auf die Bauplattform kontrolliert werden. Die Annäherung der Bauplattform an das schichtauftragende Element („Ankratzen“), zur Erzeugung einer initialen Pulverschicht definierter Schichtdicke, würde ebenfalls vollautomatisch im Prozessablauf beim Rüsten der Anlage implementiert werden können, sodass der Einfluss des Bedieners auf ein Minimum reduziert wird.

6.4.2.2 Nutzung als Bauraumüberwachung (2D-Grauwertbild) und Erfassung von Spritzer- und Schmauchdynamik

Zwischen den Messungen können eine oder auch beide Kameras zur aktiven visuellen Überwachung des Prozesses durch den Bediener genutzt werden und 2D-Aufnahmen der Bauebene verwendet werden. Da aus zwei zu einander versetzten Positionen aufgenommen wird, könnte unter Umständen die Dynamik der Spritzer- und Schmauchentwicklung sowie deren Trajektorien im Prozess erfasst werden [17, 41]. Ob hierfür zusätzliche optische Filter (Neutraldichtefilter) erforderlich wären, die eine Bewegungsunschärfe bei großer Lichtintensität und -dynamik (Schmelzbadleuchten, glühende Spritzer) ermöglichen, konnte nicht hinreichend beurteilt werden.

6.4.2.3 Kontrolle der Baujobvorbereitung und prozessbegleitende Projektion der Bauteilflächen/-konturen sowie ergänzender Informationen (nur unter Verwendung eines Digitalprojektors)

Zur Kontrolle der Baujobvorbereitung können, vor Baujobstart aber auch während der Belichtung der jeweiligen Schicht mit dem Prozesslaser, anhand von Projektionen durch den Digitalprojektor die Bauteilkonturen, Bauteilflächen, Bauteilbezeichnungen und jeweilige Schichtnummer für den Bediener visuell auf der Bauplattform / dem Pulverbett eingeblendet werden (interaktiver Slice-Viewer). Eine finale Kontrolle vor Baujobstart durch den Bediener sowie eine prozessbegleitende Darstellung der Positionen, Orientierungen und Abstände der Bauteile wird dadurch umsetzbar.

Bei Verwendung eines RGB-Digitalprojektors kann die projizierte Darstellung mehrfarbig ausfallen und den jeweiligen Informationen zugeordnet sein (z. B. Konturen = Rot, Flächen = Gelb, Bauteilbezeichnungen = Blau, u. ä.).

6.4.2.4 Verknüpfung mit Anlagensteuerung zur Prozessregelung (Closed-loop-Control)

Die Rückführung der Ergebnisse der Pulverbettanalyse (erkannte Defekte, Bauteilüberhöhungen, Pulverfehlzustellungen, u. ä.) stellt eine zentrale Perspektive beim Ausschöpfen der Einsatzmöglichkeiten und des -potenzials von SL3D dar. Für jeden individuellen Fall können Maßnahmen der Anlagensteuerung (z. B. erneuter Pulverauftrag, Änderung des Dosierfaktors, Änderung der Prozessparameter, Abbruch einzelner Bauteile oder des Baujobs) als Reaktion auf identifizierte Prozessinstabilitäten und Defekte getroffen werden, um die Prozessfähigkeit der PBF-LB/M-Anlagentechnik aufrecht zu erhalten.

6.5 Abschließende Bewertung

In Kapitel 6 wurden mehrere Varianten von Streifenlichtprojektionssystemen konzipiert, die hinsichtlich einer Eignung für die Pulverbettüberwachung der PBF-LB/M-Anlagengrößenklassen 1 bis 3 untersucht wurden. Die Ergebnisse dieser Potenzialanalyse werden an dieser Stelle zusammengefasst, um die grundsätzliche Eignung, aber auch wirtschaftliche und funktionelle Vor- und Nachteile der unterschiedlichen Varianten zu vergleichen.

Für alle Varianten wird eine Einbausituation angenommen, bei der Grundvoraussetzung ist, dass die Bauplattform und damit das Pulverbett in seiner Gesamtheit erfasst werden muss. Die erreichbare Auflösung in der Pulverbettüberwachung ergibt sich folglich aus dieser Voraussetzung und stellt das primäre Kriterium für die Eignung einer Variante dar.

Aus Tabelle 6.14 wird ersichtlich, dass die Varianten #1, #3 und #5, die das Kameramodell Lucid Vision Labs ATLAS10 verwenden, für die Anlagengrößenklasse 3 nicht geeignet sind. Dies liegt an der zu geringen Auflösung des Kameramodells im Verhältnis zu dem zu erfassenden Bildfeld. Die laterale Auflösung fällt bei Verwendung in Anlagengrößenklasse 3 in der detaillierten Analyse auf etwa 130 µm ab. Die Varianten #1, #3 und #5 sind für die Anlagengrößenklassen 1 und 2 hingegen in vollem Umfang geeignet.

Die Varianten #2, #4 und #6, die das Kameramodell von Ximea mit deutlich höherer Auflösung verwenden, können alle Anlagengrößenklassen in vollem Umfang bedienen. Allerdings fallen die initialen Anschaffungskosten bei diesem Kameramodell mit 460 % deutlich höher gegenüber dem Kameramodell von Lucid Vision Labs aus. Sofern nicht die höhere Auflösung bei den Anlagengrößenklassen #1 und #2 zu einem nennenswerten Vorteil im Funktionsumfang führt oder von der Industrie eine höhere Auflösung als die angesetzte laterale Auflösung von 100 µm gefordert wird, stehen die Kosten und der Mehrwert nicht im Verhältnis.

Für die Anlagengrößenklassen #1 und #2 wird dementsprechend unter wirtschaftlichen Gesichtspunkten auf die Varianten #1, #3 oder #5 bei der weiteren Auswahl reduziert. Die Voraussetzungen der Anlagengrößenklasse #3, mit der größten räumlichen Ausdehnung des Pulverbetts von 1.000 × 1.000 mm^2, kann nur durch das hochpreisige Kameramodell von Ximea, das in Variante #2, #4 und #6 verwendet wird, erfüllt werden.

Tabelle 6.14: Bewertung der konzipierten SLP-Varianten #1 bis #6 für die Anlagengrößenklassen 1 bis 3

Variante	Grad der Erfassung der Bauplattform	Auflösung (Schnelle Analyse)	Auflösung (Detaillierte Analyse)	Mess- und Analyse-Zykluszeit	Prozessbegleitende Projektion	Kosten im Vergleich	Komponentenvielfalt
#1							
Anlagengrößenklasse 1	100 %	500	100	✓	✓	mittel	minimal
Anlagengrößenklasse 2	100 %	500	100	✓	✓	mittel	minimal
Anlagengrößenklasse 3	100 %	500	130	✓	✓	mittel	gering
#2							
Anlagengrößenklasse 1	100 %	500	100	✓	✓	hoch	minimal
Anlagengrößenklasse 2	100 %	500	100	✓	✓	hoch	minimal
Anlagengrößenklasse 3	100 %	500	100	✓	✓	hoch	gering
#3							
Anlagengrößenklasse 1	100 %	500	100	✓	✓	mittel	minimal
Anlagengrößenklasse 2	100 %	500	100	✓	✓	mittel	minimal
Anlagengrößenklasse 3	100 %	500	130	✓	✓	mittel	gering
#4							
Anlagengrößenklasse 1	100 %	500	100	✓	✓	hoch	minimal
Anlagengrößenklasse 2	100 %	500	100	✓	✓	hoch	minimal
Anlagengrößenklasse 3	100 %	500	100	✓	✓	hoch	gering
#5							
Anlagengrößenklasse 1	100 %	500	100	✓	x	niedrig	minimal
Anlagengrößenklasse 2	100 %	500	100	✓	x	niedrig	minimal
Anlagengrößenklasse 3	100 %	500	130	✓	x	niedrig	gering
#6							
Anlagengrößenklasse 1	100 %	500	100	✓	x	mittel	minimal
Anlagengrößenklasse 2	100 %	500	100	✓	x	mittel	minimal
Anlagengrößenklasse 3	100 %	500	100	✓	x	mittel	gering

Hinsichtlich der Mess- und Analyse-Zykluszeit, die es in den Prozessablauf innerhalb der Inter-Layer-Time für die schnelle Analyse und innerhalb der Belichtungszeit der Folgeschicht für die detaillierte Analyse zu integrieren gilt, erfüllen alle Varianten die Bedingungen für eine echtzeitfähige Überwachung des Prozesses.

Lediglich die detaillierte Analyse des Scans der Belichtung kann für die Anlagengrößenklasse 1 nicht innerhalb der Prozesszeit für den nachfolgenden Pulverschichtauftrag erfolgen, da die Dauer für den Pulverschichtauftrag aufgrund der geringen Abmessungen des Pulverbetts sehr kurz ausfällt (etwa 3 bis 5 Sekunden). Unter Berücksichtigung der Ergebnisse aus Kapitel 5 wird dieser Umstand noch verstärkt, da mit mehr als verdoppelter Schichtauftragsgeschwindigkeit die Prozessdauer des Schichtauftrags auf etwa 2 bis 3 Sekunden verringert wird.

Dementsprechend wird die detaillierte Analyse der belichteten Schicht auch bei parallelisierter Verarbeitung der Messdaten mehrerer Messzyklen für die Anlagengrößenklasse 1 erst innerhalb der Belichtungszeit der darauffolgenden Schicht zur Verfügung stehen.

In Bezug auf den Streifenlichtprojektor erfüllen alle konzipierten Varianten, unabhängig von der Verwendung eines DLP oder DIA, die Bedingungen für die hochauflösende Erfassung des Pulverbetts mittels Streifenlichtprojektion. Die monochromen Modelle von DLP und DIA entscheiden sich in Robustheit und Geschwindigkeit des Wechsels des Streifenlichtmusters. Die Geschwindigkeit beider Modelle ist ausreichend hoch, um die Anforderungen hinsichtlich der Messzykluszeit zu erfüllen. Ein Vorteil des DLP ergibt sich demnach nur aus der Tatsache, dass keine bewegten Teile bei dieser Technik zum Einsatz kommen. Im industriellen Umfeld kann dieses einen ausschlaggebenden Unterschied bedeuten, wenn die Ausfallwahrscheinlichkeit reduziert und damit potentielle Kosten bei einer Unterbrechung in der Produktion eingespart werden können. Die Kosten eines monochromen DLP liegen bei dem etwa dreifachen eines monochromen Dia-Projektors. Da allerdings nur ein Projektor pro Messsystem erforderlich ist, steht diese Kostensteigerung im Verhältnis zum Mehrwert einer robusteren und moderneren Technologie des DLP. Für Anlagengrößenklasse 1 und 2 kommen daher noch Variante #1 und #2, für Anlagengrößenklasse 3 noch Variante #2 und #4 in Betracht.

Die grundsätzlichen Funktionen zur Projektion von geeigneten Streifenlichtmustern, die eine hochauflösende Erfassung und prozessparallele Auswertung des Pulverbetts zu verschiedenen Zeitpunkten im Prozesszyklus des PBF-LB/M-Verfahrens ermöglichen, werden durch alle Varianten erfüllt. Unter Verwendung eines digitalen RGB-Streifenlichtprojektors ergeben sich allerdings erweiterte Funktionen für die Anwendung, die in Unterabschnitt 6.4.2 beschrieben wurden. Die Vereinfachung und Eindeutigkeit bei der Bedienung von PBF-LB/M-Fertigungsanlagen wird durch RGB-Projektionen deutlich unterstützt. Der menschliche Faktor als Fehlereinflussgröße kann durch die begleitenden Projektionen zum Rüsten und Einrichten und der prozessbegleitenden Überwachung und Kontrolle durch den Anlagenbediener ähnlich dem Ansatz der erweiterten Realität (Augmented Reality) reduziert werden [106].

Zudem können durch visuelle Darstellung und Hervorhebung von erkannten Fehlerbildern manuelle Prozesseingriffe durch den Anlagenbediener, soweit erforderlich (z. B. Abbruch eines Bauteils oder ganzen Baujobs zum Schutz der Anlagentechnik vor Beschädigung), angeleitet und für eine Entscheidungsfindung unterstützt werden.

Die Kosten für einen erweiterten Funktionsumfang durch farbige Projektionen eines RGB-DLP liegen etwa 5.000 EUR höher als bei Verwendung eines monochromen DLP. Die Kosten fallen damit gegenüber den Möglichkeiten in der Anwendung nicht ins Gewicht. In der Konsequenz verbleibt für die Anlagengrößenklasse 1 und 2 die Variante #1, für Anlagengrößenklasse 3 die Variante #2 als Konzept mit dem größtmöglichen Potenzial im Verhältnis zu den initialen Kosten.

Bei den Systemkosten sind ausschließlich Anschaffungskosten für die Komponenten berücksichtigt. In Bezug auf mögliche Entwicklungskosten von Hardwarekomponenten oder Software für den Betrieb und die Auswertung der Bilddaten kann zu diesem Zeitpunkt keine Einschätzung gegeben werden. Letzteres kann z. B. durch ein Software-Lizenzmodell den PBF-LB/M-Anlagenherstellern oder dem Endkunden angeboten werden und steht hinsichtlich der Kosten in Abhängigkeit des Funktionsumfangs der Qualitätsprüfung für das Pulverbett.

Abschließende Auswahl der Varianten für die Anlagengrößenklassen 1 bis 3

Durch die vorangehend erfolgte Bewertung der Varianten unter den verschiedenen Aspekten konnte nach dem Ausschlussverfahren eine Auswahl für das potentiell vorteilhafteste Konzept eines Messsystems auf Basis der Streifenlichtprojektion für die unterschiedlichen Anlagengrößenklassen abgeleitet werden. Die Konfigurationen werden in Tabelle 6.15 der Übersicht halber abschließend zusammengefasst.

Tabelle 6.15: Übersicht der Variantenauswahl für die Anlagengrößenklassen 1 bis 3

Anlagengrößenklasse	Variante	Kamera-modell		Kamera-objektiv		Projektor	Scheim-pflug-Ad.	Mech. Halterung	Messplatte	Abschätzung der Hardware-Gesamtkosten
		Lucid Vision Labs Atlas10	Ximea XIB CB654MG-GP-X8G3	Schneider Kreuznach TOURMALINE 2.8/16	Custom-Entwicklung	DLP-RGB	Custom-Entwicklung	Kamera- und Projektorhalterungen sowie Zubehör	Kalibriermessplatte sowie Zubehör	
1	#1	2	-	3	-	1	3	3	1	32.500 bis 35.100 EUR
2	#1	2	-	3	-	1	3			32.500 bis 35.100 EUR
3	#2	-	2	1	2	1	3	3	1	51.100 bis 55.700 EUR

7 Zusammenfassung und Ausblick

7.1 Zusammenfassung

Das additive Fertigungsverfahren des selektiven Laserschmelzens von Metallen (PBF-LB/M) eröffnet als ressourcenschonendes Fertigungsprinzip die Möglichkeit, individualisierte, hochkomplexe und biomimetisch optimierte Bauteile herzustellen. Damit besitzt die Technologie ein enormes Potenzial, einen essenziellen Beitrag zu den Zukunftsthemen Nachhaltigkeit und Kreislaufwirtschaft zu leisten. Im Fokus stehen dabei Bauteile in den für Deutschland strategisch wichtigen Branchen der Mobilität, Energietechnik, Medizintechnik und Verteidigung. Die wie in den Vorjahren marktdominierende additive Fertigungstechnologie für Metall stellt das PBF-LB/M-Verfahren mit einem Marktanteil von 75 % aller verkauften Metall-Systeme dar [4]. Die Anzahl der Hersteller für PBF-LB/M-Anlagentechnik steigt weiter an, insbesondere durch neue Anbieter aus dem asiatischen Raum [110].

Im Vergleich zu den Vorjahren ist die Wachstumsrate des AM-Marktes im vergangenen Jahr jedoch deutlich rückläufig [5, 111], sodass aktuell nur noch ein moderates Wachstum bis hin zu einer Seitwärtsbewegung am Markt zu beobachten ist. Bedingt wird dieser Wachstumsrückgang unter anderem durch die noch immer im Verhältnis zu konventionellen Herstellungsverfahren vielfach höheren Herstellungskosten von AM-Erzeugnissen. Der Rückgang des anfänglichen Hypes um die AM-Technologien ist auch durch die hinter den Markterwartungen zurückbleibenden Möglichkeiten hinsichtlich der Produktivität und der Fertigungsflexibilität (dezentrale On-demand-Fertigung) sowie der resultierenden und unbeständigen Fertigungsqualität begründet. Diese Umstände reduzieren die Einsatzmöglichkeiten auf eine verhältnismäßige geringe Anzahl an Anwendungsfällen, für die eine industrielle AM-Serienfertigung wirtschaftlich sinnvoll ist. Zwei der aktuellen großen Defizite des PBF-LB/M-Verfahrens, die mitunter eine weitreichende Anwendung in der industriellen Serienproduktion verhindern, sind die eingeschränkten Möglichkeiten der In-situ-Prozessüberwachung während des Drucks des Bauteils zur Detektion von Prozessirregularitäten und Bauteildefekten sowie die fehlende Analytik dieser Daten in Bezug auf die Identifikation und Klassifikation von Fehlern und Ursachen [61]. Diese Defizite verursachen eine im Verhältnis zu anderen Fertigungsverfahren stark schwankende Qualität und verhältnismäßig hohe Ausschussproduktion und bedingen einen hohen Bedarf an nachgelagerter und kostenintensiver Prüfung der Bauteile. Folglich bleibt die additive Fertigung mittels PBF-LB/M, trotz weitreichender Flexibilität und Freiheitsgrade in der Auslegung von Bauteilen, aufgrund der zugrundeliegenden Herstellungskosten für eine bedeutsamere Rolle in der industriellen Produktion unattraktiv. Um diese wirtschaftlichen Hürden zu überwinden, bedarf es technologischer Lösungen zur Senkung der im Vergleich noch zu hohen Herstellungskosten des Verfahrens.

D. Jutkuhn, *Qualitätsprüfung für das Pulverbett im selektiven Laserschmelzprozess*, Light Engineering für die Praxis,
https://doi.org/10.1007/978-3-662-72754-6_7

Daher werden fortlaufend innovative Ansätze zur Steigerung der Produktivität sowie der frühzeitigen Erfassung und Sicherstellung der Fertigungsqualität entwickelt, die eine Kostenreduktion entlang der Prozesskette versprechen.

Ausgehend von den vorherrschenden Einschränkungen in der Qualitätssicherung des PBF-LB/M-Verfahrens wird in der vorliegenden Forschungsarbeit ein Beitrag für die schichtweise Qualitätsprüfung des vollständigen Pulverbetts geleistet.

Dabei wird auf Grundlage von vollfaktoriellen Ex-situ-Untersuchungen ermittelt und durch In-situ-Untersuchungen validiert, wie die Qualität des Pulverbetts von dem Zusammenspiel der prioritären Stellgrößen im Pulverschichtauftrag beeinflusst wird. Dieser Erkenntniszugewinn wird genutzt, um Rückschlüsse in Anwendung unterschiedlicher Parameterkombinationen auf die Prozessfähigkeit und Defektanfälligkeit im Pulverschichtauftrag und die resultierende Fertigungsqualität im Herstellungsprozess zu ziehen. Anhand einer erarbeiteten Auswerteanalytik werden die betrachteten Stellgrößen kompetitiv bewertet, mit dem Ziel, höher performante Prozessparameterkombinationen für einen robusteren Prozess und eine erhöhte Produktivität zu identifizieren. Abschließend wird das zugrundeliegende Messsystem mitsamt der Auswertemethodik zur prozessbegleitenden Analyse der Pulverbettqualität hinsichtlich des technologischen und wirtschaftlichen Potenzials analysiert. Dabei wird die Übertragbarkeit der Lösung in einen industriell nutzbaren Maßstab untersucht und validiert.

Für die Umsetzung der Ziele dieser Forschungsarbeit wurde ein Streifenlichtprojektionssystem für die hochauflösende 3D-topographische Erfassung des Pulverbetts aufgebaut, welches die vollständige Erfassung des Pulverbetts während des laufenden Druckprozesses ermöglicht. Dadurch können Aufnahmen des Pulverbetts vor und nach dem Pulverschichtauftrag sowie vor und nach der Belichtung durch den Prozesslaser akquiriert werden, die eine schichtindividuelle Auswertung einer jeden Einzelschicht im Fertigungsprozess erlauben. Zudem wurde ein Pulverbettprüfstand für eine hersteller- und anlagenunabhängige Abbildung der gängigen Schichtauftragsprozesse im selektiven Laserschmelzen entwickelt. Der Prüfstand erlaubt die Nutzung von herstellerspezifischen Schichtauftragsprinzipien, herstellerspezifischen Schichtauftragselementen, flexibel einstellbaren Pulverschichtdicken sowie einem breiten Spektrum an Schichtauftragsgeschwindigkeiten, die weit über die Möglichkeiten heutiger PBF-LB/M-Anlagensysteme hinaus geht.

Mithilfe dieser neuen Möglichkeiten zur Untersuchung des Pulverbetts wurden mittels eines mehrstufigen methodischen Ansatzes zur Verarbeitung und Analyse der hochauflösenden Bilddaten (topographische Höhendaten) die vielfältigen charakteristischen Eigenschaften der Pulverbettoberfläche sowie von verschiedenen Fehlerbildern im Schichtauftrag identifiziert, klassifiziert und bewertet. Eine vollfaktorielle Untersuchung der prioritären Prozessparameter im Pulverschichtauftragsprozess (Auftragsprinzip, Auftragselement, Auftragsgeschwindigkeit, Pulverschichtdicke) wurde ex-situ auf dem Prüfstand durchgeführt, um die Einflüsse und Wirkzusammenhänge der unterschiedlichen Stellgrößen zu ermitteln. Hierfür wurden im Rahmen der Untersuchungen für die Aluminiumlegierung AlSi10Mg insgesamt 162 Prozessparameterkombinationen untersucht.

In nachfolgenden Ex-situ-Versuchen konnte nachgewiesen werden, dass die Prozessfähigkeit des Pulverschichtauftrags in unterschiedlichem Maße in Abhängigkeit der prioritären Stellgrößen im Pulverauftragsprozess steht und gewissen Trends folgt, die in vorteilhafter Weise für die Ausgestaltung des Prozesses genutzt werden können.

Anhand der Ergebnisse der Ex-situ-Versuche wurden Prozessparameterfenster identifiziert, die eine hohe Prozessfähigkeit auch bei höheren Schichtauftragsgeschwindigkeiten zeigen und damit letztlich eine gesteigerte Produktivität im Prozess bewirken können. Der Anteil des auf der PBF-LB/M-Anlagentechnik technisch abbildbaren Prozessparameterfensters wurden im Anschluss anhand von In-situ-Untersuchungen und nachgelagerten Prüfungen der gefertigten Probekörper validiert. Dieses eingegrenzte Parameterfenster, bestehend aus insgesamt 30 Parameterkombinationen mit je 12 Probekörpern, wurde im Rahmen von sechs durchgeführten Baujobs untersucht.

Die Materialdichte der gefertigten Probekörper wurde metallographisch durch Schliffbildanalyse ermittelt und für die Validierung der In-situ-Messdaten verwendet. Anhand der Korrelation der topographischen In-situ-Messdaten und der nachgelagerten Prüfung der Probekörper konnte die Eignung einer Teilmenge der betrachteten Parameterkombinationen im Fertigungsprozess validiert werden.

Während die Ex-situ-Versuche vielversprechende Ergebnisse über breite Geschwindigkeitsspannen für eine Vielzahl an Kombinationen aus Schichtauftragselement und Schichtdicke erbrachte, konnte in den In-situ-Versuchen nur ein Teilbereich für die untersuchte Elastomerklinge und die Kohlenfaserstoffbürste validiert werden. Insbesondere eine Schichtdicke von 30 µm erzeugt für beide Schichtauftragselemente bis zu einer Geschwindigkeit von 350 mm/s robuste Ergebnisse. Dabei ist ein abnehmender Trend in der Dichte der Probekörper nicht erkennbar. Die Ergebnisse der Ex-situ-Versuche legen nahe, dass auch noch höhere Geschwindigkeiten von bis zu 500 mm/s, und unter Umständen darüber hinaus, valide im Sinne der Eignung für den Prozess sind. Die Geschwindigkeitsbereiche oberhalb von 350 mm/s konnten in-situ aufgrund von Einschränkungen der Anlagentechnik jedoch nicht validiert werden.

In Bezug auf die Produktivität wird mit den durchgeführten Untersuchungen und erreichten Ergebnissen nachgewiesen, dass eine Steigerung durch Beschleunigung des Schichtauftragsprozesses erreicht werden kann, ohne die Prozessfähigkeit zu mindern. Dabei kann ohne eine Manipulation der Anlagentechnik der bereits vorhandene Geschwindigkeitsbereich von bis zu 350 mm/s von heutigen Schichtauftragssystemen der PBF-LB/M-Anlagen ausgenutzt werden. Unter Anwendung der identifizierten Parameterkombinationen können auf diese Weise bereits heute Steigerungen in der Produktivität von bis zu 25 % erreicht werden. Dieses validierte Ergebnis bezieht sich dabei auf die Verwendung eines unidirektionalen Schichtauftragssystems, das mit Elastomerklinge oder Kohlenstofffaserklinge ausgestattet ist, einer Schichtdicke von 30 µm und Verwendung von der Aluminiumlegierung AlSi10Mg (20-63µm). Die Übertragbarkeit auf weitere Materialien und den bidirektionalen Schichtauftrag sollten Gegenstand zukünftiger Untersuchungen sein.

Im Rahmen einer Potenzialanalyse wurde die Eignung der Streifenlichtprojektion als Messtechnik für die Pulverbetterfassung und prozessbegleitende Überwachung im industriellen Maßstab aller heutigen Anlagengrößenklassen von PBF-LB/M-Anlagentechnik überprüft. Hierbei wurden Konzepte erarbeitet, die eine technische und wirtschaftliche Umsetzung der Streifenlichtprojektion für die unterschiedlichen Anforderungen, hervorgehend aus den Dimensionen der Anlagenarchitektur, nachweisen.

Es konnte aufgezeigt werden, dass die Pulverbettüberwachung mittels Streifenlichtprojektion auf alle heutigen Anlagengrößenklassen übertragbar ist und bis zu Pulverbettabmessungen von 1.000×1.000 mm² potentiell einsetzbar ist.

Dabei wurden wirtschaftliche Messsystemlösungen mit geringer Komponentenvielfalt konzipiert, um technisch einheitliche Lösungen für mehrere Anlagengrößenklassen zu erhalten, die gleichzeitig mit niedrigen Kosten verbunden sind. Zudem wurden die für eine In-situ-Prozessüberwachung wichtigen Aspekte der vollständig zum Prozess parallel erfolgenden Messung und echtzeitfähigen Datenanalyse für eine Online-Auswertung untersucht und validiert. Abschließend wurde das potentielle Funktionsspektrum der Streifenlichtprojektion in der PBF-LB/M-Anwendung erfasst und Anknüpfungspunkte zu aktuellen Entwicklungstrends im Bereich der In-situ-Prozessregelung und der unterstützten Anlagenbedienung aufgezeigt.

7.2 Ausblick

Aus der vorliegenden Forschungsarbeit ergeben sich vielfältige Möglichkeiten für die wissenschaftliche Fortsetzung der Qualitätsprüfung des Pulverbetts. Neben den vorgestellten Untersuchungen bedarf es in erster Linie der Betrachtung weiterer Materialien, die wie AlSi10Mg von vorrangigem Interesse in der industriellen Anwendung sind (z. B. Ti6Al4V, 316L, IN718), um die Auswirkungen der prioritären Prozessparameter im Pulverschichtauftrag auf die Prozessfähigkeit des Pulverbetts zu verstehen und mögliche materialunabhängige und allgemeingültigere Zusammenhänge ableiten zu können.

Zusätzlich zu weiteren Materialien sollten die Parameterbereiche, in denen die Stellgrößen im Pulverschichtauftrag variiert werden, um weitere neue Ausführungen der schichtauftragenden Elemente (z. B. Stahllamellenbürste, Pulverwalze) von PBF-Verfahren erweitert werden, aber auch insbesondere höhere Schichtauftragsgeschwindigkeiten für unterschiedliche Pulverschichtdicken untersucht werden. Hieraus können sich weitere vorteilhafte Kombinationen an Prozessparametern ergeben, die eine weitere Senkung der Nebenzeit im Prozess erlauben oder eine grundsätzlich höhere Güte im Pulverbett erzeugen, um die Produktivität in Prozessen von PBF-Verfahren weiter zu steigern.

Eine umfangreiche Datengrundlage von Bilddaten des Pulverbetts, über mehrere Materialien und größere Parameterbereiche erstreckend, erhöht zudem die Robustheit der Pulverbettanalyse und eröffnet für die Fallunterscheidung von Einzeldefekten und Defektklassen neue Möglichkeiten. Diese umfassen den Einsatz von künstlicher Intelligenz für die Analyse der Höhendaten, aber auch die zusätzliche Analyse und Bilderkennung der Intensitätsbilder des Stereokamerasystems durch Machine-Learning-Algorithmen, um prozessbegleitend noch schnellere Aussagen über kritische Prozessanomalien zu erhalten, auf die es in-situ zu reagieren gilt. Wissenschaftliche Arbeiten in diesem Forschungsbereich können zum einen die Aussagekraft und Performanz dieser Analysemethoden validieren, zum anderen die Akzeptanz für neue Wege in der Qualifizierung und Zertifizierung der In-situ-Qualitätssicherung stärken.

Anhand eines schnellen und aussagekräftigen Analyseergebnisses zur Pulverbettqualität und der Defektbehaftung wird ein weiterer Forschungsschwerpunkt im Bereich der Prozessregelung eröffnet. Die Erfassung und Analyse von Prozessinstabilitäten und Bauteildefekten sowie deren Einordnung in prozesskritische Klassen eröffnet die Entwicklung einer adaptiven Prozessregelung. Die Prozessregelung kann dabei, auf Grundlage der durch die In-situ-Prozessüberwachung erfassten und als kritisch bewerteten Prozesszustände, Handlungsempfehlungen als Prozesseingriffe ableiten, deren Auswirkungen auf den Prozess es zu untersuchen gilt.

Insbesondere Korrelationen zwischen prozesskritischen Defekten und den physischen Auswirkungen auf den Prozess und die in Druck befindlichen Bauteile müssen tiefgreifend verstanden werden, um geeignete Maßnahmen ableiten zu können. Aber auch die Auswirkungen der Maßnahmen zur Aufrechterhaltung der Prozessfähigkeit und Qualität müssen eingehend wissenschaftlich untersucht werden, um eine funktionsfähige und qualifizierbare Prozessregelung zu entwickeln.

Die Möglichkeiten im Funktionsumfang der Pulverbetterfassung sollten durch weitere Forschungsarbeiten untersucht werden. Insbesondere die Konturdetektion von Belichtungsflächen zur Analyse der Formtreue von in Bau befindlichen Bauteilen sollte weiterverfolgt werden. Ebenso die topographische Analyse der Belichtungsvektoren innerhalb der Belichtungsflächen sowie die Kontamination des Pulverbetts mit Spritzern und Schmauch [17, 41].

Letztere Aspekte stellen ungewünschte Prozessnebenprodukte dar, die es durch eine geeignete Wahl von Material, Prozessparametern und Bauteilgeometrie zu verhindern gilt. Eine Möglichkeit der Forschungsaktivitäten in diesem Bereich kann die Unterstützung der Prozessentwicklung auf Grundlage von In-situ-Messdaten des Pulverbetts darstellen. Damit lassen sich unter Umständen langwierige Entwicklungsphasen für neue und exotische Materiallegierungen verkürzen und Prozessparameter in der Prozessfähigkeit vergleichend beurteilen und optimieren.

Ein weiterer Schwerpunkt für Forschungsaktivitäten liegt in der Sensorfusion. Durch die kombinierte Erfassung des Fertigungsprozesses mittels multipler Sensoren lassen sich durch Datenfusion multimodale Prozessabbilder generieren, die eine deutlich umfangreichere Analyse des Prozessgeschehens erlauben. Durch sinnvolle Kombination der in dieser Forschungsarbeit vorgestellten Messtechnik, die die 3D-topographische Erfassung und Überwachung des Pulverbetts ermöglicht, mit weiteren Messverfahren, wird eine multimetrische Charakterisierung von Prozessanomalien erreicht. Diese Messverfahren können z. B. die Wirbelstromprüfung oder die optische Tomographie sein, die Aussagen zu Aspekten von Prozess und Bauteil erlauben, die durch die Pulverbettüberwachung nicht abgedeckt werden. Gegenstand der wissenschaftlichen Untersuchungen sollten dabei die Datensynchronisation der multimodalen Prozessdaten und die kombinierte Analyse der Daten zur Defektkorrelation sein. Die Zielsetzung könnte dabei auf der Erhöhung der Entdeckungswahrscheinlichkeit (POD) von internen Bauteildefekten durch indirekte Messung sowie die Eindeutigkeit in der Defektklassifikation und Kritikalitätsbewertung liegen.

Bezüglich des in dieser Arbeit betrachteten Messsystems zur Qualitätsprüfung des Pulverbetts auf Basis der Streifenlichtprojektion gibt es neuerliche Möglichkeiten, die Technologie durch neue Kameratypen zu substituieren. Dabei kann Gegenstand von wissenschaftlichen Untersuchungen sein, das stereoskopische Kamera-Setup durch eine plenoptische Kamera (Lichtfeldkamera) zu ersetzen. Lichtfeldkameras erlauben durch die Verwendung eines Linsenarrays die dreidimensionale Abbildung mittels nur einer Kamera. Die Untersuchungen sollten dabei den Fokus auf die Eignung der Lichtfeldtechnologie für die topographische Erfassung in einem auf das Pulverbett begrenzten Tiefenschärfebereich legen.

8 Literaturverzeichnis

[1] Aconity3D GmbH: *ACONITY LAB Bedienungsanleitung*, 2017. Version 2017-02, https://aconity3d.com/de (zuletzt abgerufen am 31.08.2018)

[2] AMPOWER GmbH & Co. KG: *Quality in Additive Manufacturing. Best practices for quality management in Additive Manufacturing*, 2018. AM-Power Insights, Vol. 4., Hamburg. https://ampower.eu/reports/ (zuletzt abgerufen am: 11.12.2024)

[3] AMPOWER GmbH & Co. KG: *AMPOWER Report 2022: Additive Manufacturing Market Report*, 2022. Hamburg. https://ampower.eu/reports/ (zuletzt abgerufen am: 11.12.2024)

[4] AMPOWER GmbH & Co. KG: *AMPOWER Report 2023: Additive Manufacturing Market Report*, 2023. Hamburg. https://ampower.eu/reports/ (zuletzt abgerufen am: 11.12.2024)

[5] AMPOWER GmbH & Co. KG: *AMPOWER Report 2024: Additive Manufacturing Market Report*, 2024. Hamburg. https://ampower.eu/reports/ (zuletzt abgerufen am: 11.12.2024)

[6] ASTM International: *Terminology for Additive Manufacturing Technologies* (ASTM F2792-12), 2012. ICS: 01.040.25; 25.020. Verlag: ASTM International, West Conshohocken, PA. https://www.astm.org/f2792-12.html, doi: 10.1520/F2792-12

[7] Bamezon, A.; Betreuer: Jutkuhn, D.: *Experimentelle Validierung einer topographischen Schichtanalyse in Bezug auf die Bauteildichte beim selektiven Laserstrahlschmelzen*, 2023. Masterarbeit, Technische Universität Hamburg, Hamburg.

[8] Barrett, C.; MacDonald, E.; Conner, B.; Persi, F.: *Micron-Level Layer-Wise Surface Profilometry to Detect Porosity Defects in Powder Bed Fusion of Inconel 718*, 2018. JOM, Band 70, Seite: 1844–1852, Verlag: Springer Nature Link. doi: 10.1007/s11837-018-3025-7, https://link.springer.com/article/10.1007/s11837-018-3025-7

[9] Bartsch, K.: *Digitalization of design for support structures in laser powder bed fusion of metals*, 2022. Dissertation, Technische Universität Hamburg, Hamburg, Verlag: Springer Vieweg Berlin, Heidelberg. https://link.springer.com/book/10.1007/978-3-031-22956-5

D. Jutkuhn, *Qualitätsprüfung für das Pulverbett im selektiven Laserschmelzprozess*, Light Engineering für die Praxis,
https://doi.org/10.1007/978-3-662-72754-6

[10] Bayat, M.; Thanki, A.; Mohanty, S.; Witvrouw,, A.; Yang, S.; Thorborg, J.; Tiedje, N. S.; Hattel, J. H.: *Keyhole-induced porosities in Laser-based Powder Bed Fusion (L-PBF) of Ti6Al4V: High-fidelity modelling and experimental validation*, 2019. Additive Manufacturing, Jg. 30, Nr. 100835, Verlag: Elsevier. doi: 10.1016/j.addma.2019.100835, https://www.sciencedirect.com/science/article/pii/S2214860419303914

[11] Beiss, P.: *Pulvermetallurgische Fertigungstechnik*, 2013. 2. Aufl., Verlag: Springer Vieweg Berlin, Heidelberg. ISBN: 978-3-642-32032-3, https://doi.org/10.1007/978-3-642-32032-3

[12] Berger, U.; Hartmann, A.; Schmid, D.: *Additive Fertigungsverfahren. Rapid prototyping, rapid tooling, rapid manufacturing*, 2023, 4. Aufl., Verlag: Europa Lehrmittel Verlag, Haan-Gruiten. ISBN: 978-3-8085-5213-1, https://www.europa-lehrmittel.de/3D-Druck-Additive-Fertigungsverfahren/50335-4

[13] Bionic Aircraft: *Increasing resource efficiency of aviation through implementation of ALM technology and bionic design in all stages of an aircraft life cycle*, 2018. HORIZON Project Report, Verlag: CORDIS Publications Office of the European Union, https://doi.org/10.3030/690689

[14] Boley, C. D.; Khairallah, S. A.; Rubenchik, A. M.: *Calculation of laser absorption by metal powders in additive manufacturing in Applied optics*, 2015. Nummer: 54, Seite: 2477–2482. Verlag: Optica Publishing Group. https://opg.optica.org/ao/abstract.cfm?uri=ao-54-9-2477, doi: 10.1364/AO.54.002477

[15] Brandt, M.: *Laser Additive Manufacturing. Materials, design, technologies, and applications*, 2016. Woodhead Publishing series in electronic and optical materials, 88. Woodhead Publishing, Oxford. ISBN: 978-0-08-100433-3, https://www.researchgate.net/publication/310831774_Laser_Additive_Manufacturing-_Materials_Design_Technologies_and_Applications

[16] Brummerloh, D. L.; Betreuer: Jutkuhn, D.: *Experimentelle Entwicklung einer echtzeitfähigen Verarbeitung stereoskopischer Bilddaten zur Überwachung der Prozessstabilität des L-PBF Verfahrens*, 2020. Masterarbeit, Technische Universität Hamburg, Hamburg.

[17] Brummerloh, D. L.; Jutkuhn, D.; Yang, Z.; Penn, A.; Emmelmann, C.: *Stereo camera based in-situ monitoring of L-PBF process stability by spatter detection*, 2021. Advancing Precision in Additive Manufacturing 2021, Conference Proceedings, Seite: 82-85, Verlag: euspen. ISBN: 978-1-9989991-0-1, https://www.euspen.eu/product/book-conference-proceedings-on-advancing-precision-in-additive-manufacturing-2021/

[18] Buchbinder, D.: *Selective Laser Melting von Aluminiumgusslegierungen*, 2013. Dissertation, Universität RWTH Aachen, Aachen, Verlag: Shaker Verlag. ISBN: 978-3-8440-2439-5, https://www.shaker.de/de/site/content/shop/index.asp?ID=8&ISBN=978-3-8440-2439-5

[19] Bundesministerium für Bildung und Forschung: *Additive Fertigung*, 2020. Berlin. https://www.bmbf.de/bmbf/shareddocs/bekanntmachungen/de/2020/12/3238_bekanntmachung.html (zuletzt abgerufen am 13.12.2024)

[20] Cabral, F.; Anacona-Mosquera, O.; Sampaio, R. C.; Teodoro, G.; Llanos, C. H.; Jacobi, R. P.: *Optimized execution of morphological reconstruction in large medical images on embedded devices*, 2021. Journal of Real-Time Image Processing, Vol. 18, Seite: 779–791, Verlag: Springer Nature Link. doi: 10.1007/s11554-020-01011-9, https://link.springer.com/article/10.1007/s11554-020-01011-9

[21] Caetano dos Santos Silva, B.; Oliveira, A.; Saldanha Oliveira, L.; Folle, L. F.; Lima, T.; Fonseca Seixas, L.; Costa, A.; Coelho, R. S.: *Analysis of Technological Maturity of Additive Manufacturing based on S-curve*, 2021. Proceedings of the 26th International Congress of Mechanical Engineering, ABCM, doi: 10.26678/abcm.cobem2021.cob2021-0829

[22] Calignano, F.; Manfredi, D.; Ambrosio, E. P.; Biamino, S.; Lombardi, M.; Atzeni, E.; Salmi, A.; Minetola, P.; Iuliano, L.; Fino, P.: *Overview on Additive Manufacturing Technologies in Proceedings of the IEEE*, 2017. Nummer: 105, Seite: 593–612. Verlag: Institute of Electrical and Electronics Engineers. https://ieeexplore. ieee.org/document/7803596, doi: 10.1109/jproc.2016.2625098

[23] Caltanissetta, F.; Grasso, M.; Petrò, S.; Colosimo, B. M.: *Characterization of in-situ measurements based on layerwise imaging in laser powder bed fusion*, 2018. Additive Manufacturing, Band 24, Seite: 183–199. doi: 10.1016/j.addma.2018.09.017, https://www.sciencedirect.com/science/article/pii/S2214860418305785

[24] Canon Components Inc.: *Contact Image Sensors*, https://compo.canon/en/product/cis (zuletzt abgerufen am 23.12.2024).

[25] Carl Zeiss GmbH: *ZEISS Milvus f2,8/21 Spezifikationen*, https://www.zeiss.com/content/dam/consumer-products/downloads/photography/datasheets/en/milvus-lenses/datasheet-zeiss-milvus-2821.pdf (zuletzt abgerufen am 25.12.2024)

[26] Craeghs, T.; Clijsters, S.; Yasa, E.; Kruth, J.-P.: *Online Quality Control of Selective Laser Melting*, 2011. International Solid Freeform Fabrication Symposium, doi: 10.26153/tsw/15289, https://utw10945.utweb.utexas.edu/Manuscripts/2011/2011-17-Craeghs.pdf

[27] DePond, P. J.; Guss, G.; Ly, S.; Calta, N. P.; Deane, D.; Khairallah, S.; Matthews, M. J.: *In situ measurements of layer roughness during laser powder bed fusion additive manufacturing using low coherence scanning interferometry*, 2018. Materials & Design, Jg. 154, Seite: 347–359, Verlag: Elsevier. doi: 10.1016/j.matdes.2018.05.050, https://www.sciencedirect.com/science/article/pii/S0264127518304350

[28] Dickins, A.; Widjanarko, T.; Sims-Waterhouse, D.; Thompson, A.; Lawes, S.; Senin, N.; Leach, R.: *Multi-view fringe projection system for surface topography measurement during metal powder bed fusion*, 2020. J Opt Soc Am A Opt Image Sci Vis, Vol. 37, Nr. 9, B93-B105, doi: 10.1364/JOSAA.396186, https://pubmed.ncbi.nlm.nih.gov/32902426/

[29] Digital Engineering: www.digital-engineering-magazin.de/ (zuletzt abgerufen am 11.12.2024)

[30] DIN Deutsches Institut für Normung e.V.: *Additive Fertigung - Grundlagen – Terminologie (*DIN EN ISO/ASTM 52900), 2022. ICS: 01.040.25, 25.030. Verlag: Beuth Verlag GmbH, Berlin. https://www.beuth.de/de/norm/din-en-iso-astm-52900/344258696, doi: 10.31030/3290011

[31] DIN Deutsches Institut für Normung e. V.: *DIN EN ISO/ASTM 52911-1:2020-05: Additive Fertigung - Konstruktion - Teil 1: Laserbasierte Pulverbettfusion von Metallen*, 2020. https://www.dinmedia.de/de/norm/din-en-iso-astm-52911-1/307153562

[32] DIN Deutsches Institut für Normung e.V.: *Additive Fertigungsverfahren - Grundlagen, Begriffe, Verfahrensbeschreibungen* (VDI 3405:2014-12), 2014. ICS: 25.030. Verlag: Beuth Verlag GmbH, Berlin. https://www.beuth.de/de/technische-regel/vdi-3405/222780081

[33] DIN Deutsches Institut für Normung e. V.: *DIN EN ISO 3923-1:2018-10: Metallpulver – Ermittlung der Fülldichte – Teil 1: Trichterverfahren*, 2018. https://www.dinmedia.de/de/norm/din-en-iso-3923-1/285627133

[34] DIN Deutsches Institut für Normung e. V., *DIN EN ISO 3953:2011-05: Metallpulver – Bestimmung der Klopfdichte*, 2011. https://www.dinmedia.de/de/norm/din-en-iso-3953/139718462

[35] DIN Deutsches Institut für Normung e. V.: *DIN EN ISO 25178-1:2016-12: Geometrische Produktspezifikation (GPS) - Oberflächenbeschaffenheit: Flächenhaft - Teil 1: Angabe von Oberflächenbeschaffenheit*, 2016. https://www.dinmedia.de/de/norm/din-en-iso-25178-1/235458551

[36] DIN Deutsches Institut für Normung e. V.: *DIN EN ISO 4287:2010-07: Geometrische Produktspezifikation (GPS) - Oberflächenbeschaffenheit: Tastschnittverfahren - Benennungen, Definitionen und Kenngrößen der Oberflächenbeschaffenheit*, 2010. https://www.dinmedia.de/de/norm/din-en-iso-4287/129356592

[37] DIN Deutsches Institut für Normung e. V.: *DIN EN ISO 4288:1998-04: Geometrische Produktspezifikation (GPS) - Oberflächenbeschaffenheit: Tastschnittverfahren - Regeln und Verfahren für die Beurteilung der Oberflächenbeschaffenheit*, 1998. https://www.dinmedia.de/de/norm/din-en-iso-4288/3361754

[38] Dorbandt, T.; Betreuer: Jutkuhn, D.: *Entwicklung und Validierung eines Prüfstands für die in-situ Qualitätskontrolle in der pulverbettbasierten additiven Fertigung*, 2021. Masterarbeit, Technische Universität Hamburg, Hamburg.

[39] Dorbandt, T.; Betreuer: Jutkuhn, D.: *Konstruktive Entwicklung eines Bauplattform-Hubsystems für einen Schichtauftragsprüfstand in der pulverbettbasierten additiven Fertigung*, 2020. Projektarbeit, Technische Universität Hamburg, Hamburg.

[40] Duong, X. T.; Betreuer: Jutkuhn, D.: *Entwicklung eines Benchmarks für den Pulverschichtauftrag mittels topographischer Aufnahmen eines Powder Bed Monitoring Systems in der additiven Fertigung*, 2022. Masterarbeit, Technische Universität Hamburg, Hamburg.

[41] Duong, X. T.; Betreuer: Jutkuhn, D.: *Weiterentwicklung der topographischen Pulverbett-Qualitätsanalytik zur Konturerkennung sowie Schmauch- und Spritzerdetektion*, 2023. Projektarbeit, Technische Universität Hamburg, Hamburg.

[42] Eckart TLS GmbH: *ECKART TLS Aluminium Powder*, 2021. AMspheres Aluminium Powder, 12.06.2021 Version 2. https://www.eckart.net/en/amspheres (zuletzt abgerufen am 25.12.2024)

[43] Eisen, M. A.: *Optimierte Parameterfindung und prozessorientiertes Qualitätsmanagement für das Selective-Laser-Melting-Verfahren*, 2010. Dissertation, Universität RWTH Aachen, Aachen, Verlag: Shaker Verlag. ISBN: 978-3-8322-8827-3, https://www.shaker.de/de/site/content/shop/index.asp?ID=8&ISBN=978-3-8322-8827-3

[44] Erler, M.; Streek, A.; Schulze, C.; Exner, H.: *Novel Machine and Measurement Concept for Micro Machining by Selective Laser Sintering*, 2014. International Solid Freeform Fabrication Symposium 2014, Volume 2014. https://utw10945.utweb.utexas.edu/sites/default/files/2014-003-Erler.pdf

[45] Everton, S. K.; Hirsch, M.; Stravroulakis, P.; Leach, R. K.; Clare, A. T.: *Review of in-situ process monitoring and in-situ metrology for metal additive manufacturing*, 2016, Materials & Design 95, Seite: 431–445, Verlag: Elsevier. https://doi.org/10.1016/j.matdes.2016.01.099, https://www.sciencedirect.com/science/article/pii/S0264127516300995

[46] Fischer, F. G.; Birk, N.; Rooney, L.; Jauer, L.; Schleifenbaum, J. H.: *Optical process monitoring in Laser Powder Bed Fusion using a recoater-based line camera*, 2021. Additive Manufacturing, Jg. 47, Art. Nr. 102218, Verlag: Elsevier. doi: 10.1016/j.addma.2021.102218, https://www.sciencedirect.com/science/article/pii/S221486042100378X

[47] Fischer, F. G., Zimmermann, M. G.; Praetzsch, N.; Knaak, C.: *Monitoring of the powder bed quality in metal additive manufacturing using deep transfer learning*, 2022. Materials & Design, Jg. 222, Art. Nr. 111029, Verlag: Elsevier. doi: 10.1016/j.matdes.2022.111029, https://www.sciencedirect.com/science/article/pii/S0264127522006517

[48] Fortune Business Insights: *Aerospace & Defense Additive Manufacturing Market*, 2020. https://www.fortunebusinessinsights.com/aerospace-defense-additive-manufacturing-market-106550https://www.fortunebusinessinsights.com/aerospace-defense-additive-manufacturing-market-106550 (zuletzt abgerufen am 13.12.2024)

[49] Foster, B. K.; Reutzel, E. W.; Nassar, A. R.; Hall, B. T.; Brown, S. W.; Dickman, C. J.: *Optical, Layerwise Monitoring of Powder Bed Fusion*, 2015. International Solid Freeform Fabrication Symposium, Verlag: University of Texas at Austin. https://sffsymposium.engr.utexas.edu/sites/default/files/2015/2015-24-Foster.pdf

[50] Garlof, S.; Betreuerin: Seyda, V.: *Konzeptentwicklung zur Simulation des Pulverauftragsprozesses beim Laserschmelzen*, 2013. Masterarbeit, Technische Universität Hamburg, Hamburg.

[51] Gebhardt, A.: *Generative Fertigungsverfahren*, 2013. 4. Auflage, Verlag: Carl Hanser Verlag GmbH & Co. KG, München. ISBN: 978-3-446-43651-0. https://www.hanser-elibrary.com/doi/book/10.3139/9783446436527, doi: 10.3139/9783446436527

[52] Gebhardt, A.; Hötter, J.-S.: *Additive Manufacturing: 3D Printing for Prototyping and Manufacturing*, 2016. 5. Aufl., Verlag: Carl Hanser Verlag GmbH & Co. KG, München. http://ebooks.ciando.com/book/index.cfm/bok_id/2203967

[53] Giesko, T.; Zbrowski, A.; Czajka, P.: *Laser Profilometers for surface inspection and profile measurement*, 2007. Problemy Eksploatacji, Jg. 2007, Band 1. https://bibliotekanauki.pl/articles/257675

[54] Gödeke, K.; Betreuer: Jutkuhn, D.: *Entwicklung eines adaptiven Prüfstands zur Schichtauftragsüberwachung in pulverbettbasierten additiven Fertigungsverfahren*, 2020. Masterarbeit, Technische Universität Hamburg, Hamburg.

[55] Gong, H.; Rafi, K.; Gu, H.; Janaki Ram, G. D.; Starr, T.; Stucker, B.: *Influence of defects on mechanical properties of Ti–6Al–4V components produced by selective laser melting and electron beam melting*, 2015. Materials & Design, Jg. 86, Seite: 545–554, Verlag: Elsevier. doi: 10.1016/j.matdes.2015.07.147, https://www.sciencedirect.com/science/article/pii/S0264127515302161

[56] Grasselli, G.: *Shear strength of rock joints based on quantified surface description*, 2004. Dissertation, Civil Engineering Department, EPF Lausanne. doi:10.5075/EPFL-THESIS-2404, https://isrm.net/download/media.file.a2284529d8bed874.31323037393039393436726f6368615f6d65646 16c5f323030345f6772617373656c6c695f73756d6d6172792e706466.pdf

[57] Grasso, M. L. G.; Remani, A.; Dickins, A.; Colosimo, B. M.; Leach, R. K.: *In-situ measurement and monitoring methods for metal powder bed fusion: an updated review*, 2021. Measurement Science and Technology, Jg. 32, Nr. 11, Art. Nr. 112001. doi: 10.1088/1361-6501/ac0b6b, https://iopscience.iop.org/article/10.1088/1361-6501/ac0b6b/meta

[58] Hellwege, S.: *Entwicklung einer Vorrichtung zur hochgenauen Aufnahme und Justierung des optischen Messsystems Structured Light 3D*, 2020. Bachelorarbeit, Technische Universität Hamburg, Hamburg.

[59] Imani F.; Gaikwad, A.; Montazeri, M.; Rao, P.: *Layerwise In-Process Quality Monitoring in Laser Powder Bed Fusion*, 2018. Conference: Proceedings of the ASME 2018 13th International Manufacturing Science and Engineering Conference MSEC2018. https://doi.org/10.1115/MSEC2018-6477

[60] Jos. Schneider Optische Werke GmbH: *Schneider Kreuznach TOURMALINE 2.8/16 Spezifikationen*, https://schneiderkreuznach.com/application/files/7516/4241/8064/TOURMALINE_28_16_C_1084232_datasheet.pdf (zuletzt abgerufen am 25.12.2024)

[61] Jutkuhn, D.; Duong, X. T.; Dorbandt, T.; Emmelmann, C.: *3D-Topographic Powder Layer Condition Monitoring for Improved L-PBF process*, 2023. DDMC Proceedings, Seite: 422-427, Verlag: Fraunhofer Verlag, Stuttgart. ISBN: 978-3-8396-1895-0

[62] Jutkuhn, D.; Müssig, V.; Emmelmann, C.: *Investigation of Powder Bed Topography by Fringe Projection for Determining the Recoating Process and Powder Bed Quality*, 2021. Innovative Product Development by Additive Manufacturing 2021, Seite: 199-210, Verlag: Springer Vieweg Berlin, Heidelberg, ISBN: 978-3-031-05917-9, https://doi.org/10.1007/978-3-031-05918-6_13

[63] Jutkuhn, D.; Yang, Z.: *SL3D Integration Capability Study*, 2023. Studie der Fraunhofer-Einrichtung für additive Produktionstechnologie, Hamburg.

[64] Karouta, J.; Betreuer: Jutkuhn, D.: *Implementation of Structured Light 3D System for ALM in process quality control*, 2019. Masterarbeit, Technische Universität Hamburg, Hamburg.

[65] Kempen, K.; Vrancken, B.; Buls, S.; Thijs, L.; Van Humbeeck, J.; Kruth, J.-P.: *Selective Laser Melting of Crack-Free High Density M2 High Speed Steel Parts by Baseplate Preheating*, 2014. Journal of Manufacturing Science and Engineering, Jg. 136, Nr. 6, Art. Nr. 061026. doi: 10.1115/1.4028513, https://asmedigitalcollection.asme.org/manufacturingscience/article-abstract/136/6/061026/377633/Selective-Laser-Melting-of-Crack-Free-High-Density?redirectedFrom=fulltext

[66] Khan, I. A.: *Development of Deep learning algorithm for in-situ defect detection of ALM quality control using Structured light 3D*, 2020. Masterarbeit, Technische Universität Hamburg, Hamburg.

[67] Kleszczynski, S.; zur Jacobsmühlen, J.; Sehrt, J. T.; Witt, G.: *Error Detection in Laser Beam Melting systems by high resolution imaging*, 2012. 23rd Annual International Solid Freeform Fabrication Symposium - An Additive Manufacturing Conference, SFF 2012. https://utw10945.utweb.utexas.edu/Manuscripts/2012/2012-74-Kleszczynski.pdf

[68] Kohlwes, P.: *Prozessstabile additive Fertigung durch spritzerreduziertes Laserstrahlschmelzen*, 2024. Dissertation, Technische Universität Hamburg, Hamburg, Verlag: Springer Vieweg Berlin, Heidelberg. ISBN: 978-3-662-69082-6, https://doi.org/10.1007/978-3-662-69082-6

[69] Kong, D.; Dong, C.; Ni, X.; Li, X.: *Corrosion of metallic materials fabricated by selective laser melting*, 2019. npj Materials Degradation, Jg. 3, Art. Nr. 24. doi: 10.1038/s41529-019-0086-1, https://www.nature.com/articles/s41529-019-0086-1

[70] Küpper D.; Heising, W.; Corman, G.; Wolfgang, M.; Knizek, C.; Lukić, V.: *Get Ready for Industrialized Additive Manufacturing*, 2017. Engineering. Materials Science, Hg. v. Boston Consulting Group

[71] Kumke, M.: *Methodisches Konstruieren von additiv gefertigten Bauteilen*, 2018. Verlag: Springer Vieweg Berlin, Heidelberg. https://doi.org/10.1007/978-3-658-22209-3

[72] Land, W. S.; Zhang, B.; Ziegert, J.; Davies, A.: *In-Situ Metrology System for Laser Powder Bed Fusion Additive Process*, 2015. Procedia Manufacturing, Band 1, Seite: 393–403, doi: 10.1016/j.promfg.2015.09.047, https://www.researchgate.net/publication/283958627_In-Situ_Metrology_System_for_Laser_Powder_Bed_Fusion_Additive_Process

[73] Lanza, G.; Kopf, R.; Zaiß, M.; Stricker, N.; Eschner, N.; Jacob, A.; Yang, S.; Schönle, A.; Webersinke, L.; Wirsig, L.: *Laser-Strahlschmelzen – Technologie mit Zukunftspotenzial - Ein Handlungsleitfaden*, 2017., Verlag: wbk Institut für Produktionstechnik, Karlsruhe. ISBN: 3-00-056913-8

[74] Liu, B.; Wildman, R.; Tuck, C. J.; Ashcroft I.; Hague, R. J. M.: *Investigation the effect of particle size distribution on processing parameters optimisation in selective laser melting process*, 2011. International solid freeform fabrication symposium: an additive manufacturing conference, Seite: 227–238, Verlag: University of Texas at Austin. http://sffsymposium.engr.utexas.edu/Manuscripts/2011/2011-18-Liu.pdf

[75] Liu, Q. C.; Elambasseril, J.; Sun, S. J.; Leary, M.; Brandt, M.; und Sharp, P. K.: *The Effect of Manufacturing Defects on the Fatigue Behaviour of Ti-6Al-4V Specimens Fabricated Using Selective Laser Melting*, 2014. Advanced Materials Research 891-892, Seite: 1519–1524. doi: 10.4028/www.scientific.net/AMR.891-892.1519, https://www.researchgate.net/publication/272615521_The_Effect_of_Manufacturing_Defects_on_The_Fatigue_Behaviour_of_Ti-6Al-4V_Specimens_Fabricated_Using_Selective_Laser_Melting

[76] Lucid Vision Labs: *ATLAS10 Spezifikationen,* https://thinklucid.com/de/product/atlas10-47mp-imx492/ (zuletzt abgerufen am 25.12.2024).

[77] Ludwig, I.; Kluge, M.; Jutkuhn, D.; Grube, M.; Imgrund, P.; Emmelmann, C.: *Investigations Of Air Atomized And Coarser Gas-atomized AlSi12 Powders To Evaluate Cost Reduction Potentials For Additive Manufacturing Processes*, 201. European Powder Metallurgy Congress & Exhibition (EuroPM 2021) - Session 40: Influence of Powder Process on Material Properties, Seite: 422-427, Verlag: Curran Associates Inc., New York. ISBN: 978-1-899072-54-5

[78] Lunetto, V.; Galati, M.; Settineri, L; Iuliano, L.: Sustainability in the manufacturing of composite materials: A literature review and directions for future research, 2023. Journal of Manufacturing Processes, Vol. 85, Seite: 858-874, Verlag: Elsevier. https://doi.org/10.1016/j.jmapro.2022.12.020, https://www.sciencedirect.com/science/article/pii/S1526612522008842

[79] Meiners, W: *Direktes selektives Laser Sintern einkomponentiger metallischer Werkstoffe*, 1999. Dissertation, Universität RWTH Aachen, Aachen, Verlag: Shaker Verlag. ISBN: 978-3-8265-6571-7, https://www.shaker.de/de/site/content/shop/index.asp?lang=de&ID=8&ISBN=978-3-8265-6571-7

[80] Mindt, H. W.; Megahed, M.; Lavery, N. P.; Holmes, M. A.; Brown, S. G. R.: *Powder Bed Layer Characteristics. The Overseen First-Order Process Input*, 2016. Metallurgical and Materials Transactions, Volume 47A, August 2016, Seite: 3811–3822, Verlag: Springer Nature Link. doi: 10.1007/s11661-016-3470-2

[81] Möller, M.; Vykhtar, B.; Emmelmann, C.; Li, Z.; Huang, J.: *Sustainable Production of Aircraft Systems: Carbon Footprint and Cost Potential of Additive Manufacturing in Aircraft Systems*, 2019. Tagungsname: Aircraft System Technologies, Tagungsort: Hamburg, Veranstaltungsdatum: 19.-20.02.2019. https://amgta.org/wp-content/uploads/2020/02/AST2019-CARBON-FOOTPRINT-AND-COST-POTENTIAL-OF-AM-IN-AIRCRAFT-SYSTEMS.pdf

[82] Müssig, V.; Betreuer: Jutkuhn, D.: *Verbesserung des Pulverschichtauftrags zur Steigerung der Effizienz beim selektiven Laserstrahlschmelzen*, 2021. Masterarbeit, Hochschule für Angewandte Wissenschaften Hamburg, Hamburg.

[83] Munsch, M.: Reduzierung von Eigenspannungen und Verzug in der laseradditiven Fertigung, 2013. Dissertation, Technische Universität Hamburg, Hamburg, Verlag: Cuvillier Verlag, Göttingen. ISBN: 978-3-736-94501-2, https://cuvillier.de/de/shop/publications/6468-reduzierung-von-eigenspannungen-und-verzug-in-der-laseradditiven-fertigung

[84] O'Dowd, N. M.; Wachtor, A. J.; Todd, M. D.: *Effects of digital fringe projection operational parameters on detecting powder bed defects in additive manufacturing*, 2021. Additive Manufacturing, Jg. 48, Nr. 102454, Verlag: Elsevier. doi: 10.1016/j.addma.2021.102454, https://www.sciencedirect.com/science/article/pii/S2214860421006060

[85] Panwisawas, C.; Tang, Y. T.; Reed, R. C.: *Metal 3D printing as a disruptive technology for superalloys*, 2020. Nature Communications, Early Access. doi: 10.1038/s41467-020-16188-7

[86] Peng, T.; Kellens, K.; Tang, R.; Chen, C.; Chen, G.: *Sustainability of additive manufacturing: An overview on its energy demand and environmental impact*, 2018. Additive Manufacturing, Volume 21, Seite: 694-704. https://doi.org/10.1016/j.addma.2018.04.022

[87] Pham, M.-S.; Dovgyy, B.; Hooper, P. A.; Gourlay, C. M.; Piglione, A.: *The role of side-branching in microstructure development in laser powder-bed fusion*, 2020. Nature communications, Jg. 11, Art. Nr. 749. doi: 10.1038/s41467-020-14453-3, https://www.nature.com/articles/s41467-020-14453-3

[88] Phuc, L. T.; Seita, M.: *A high-resolution and large field-of-view scanner for in-line characterization of powder bed defects during additive manufacturing*, 2019. Materials & Design, Jg. 164, Art. Nr. 107562, Verlag: Elsevier. doi: 10.1016/j.matdes.2018.107562, https://www.sciencedirect.com/science/article/pii/S0264127518309262

[89] Poprawe, R.: *Lasertechnik für die Fertigung: Grundlagen, Perspektiven und Beispiele für den innovativen Ingenieur*; 2005. Verlag: Springer Vieweg Berlin, Heidelberg. https://link.springer.com/book/10.1007/b137581

[90] preML GmbH: *Learning – Wie funktioniert eine Zeilenkamera?*, https://www.preml.io/de/2023/06/learning-wie-funktioniert-eine-zeilenkamera/ /(zuletzt abgerufen am 23.12.2024)

[91] Rouf, S.; Malik, A.; Singh, N.; Raina, A.; Naveed, N.; Siddiqui, M. I. H.; Haq, M. I. U.: *Additive manufacturing technologies: Industrial and medical applications in Sustainable Operations and Computers*, 2022. Nummer: 3, Seite: 258–274. Verlag: Sustainable Operations and Computers. https://www.sciencedirect.com/science/article/pii/S2666412722000125, doi: 10.1016/j.susoc.2022.05.001

[92] Sackewitz, M.: *Handbuch zur industriellen Bildverarbeitung - Qualitätssicherung in der Praxis,* 2017. 3. Aufl., Fraunhofer-Geschäftsbereich Vision. ISBN: 978-3-8396-1226-2, https://www.vision.fraunhofer.de/de/publikationen/leitfaeden/band-17.html

[93] Schäfter und Kirchhoff: *Line Scan Camera*, https://www.sukhamburg.com/support/technotes/linescancamera/basics/opticalresolution.html (zuletzt abgerufen am 23.12.2024)

[94] Schatt, W.; Wieters, K.-P.; Kieback, B.: *Pulvermetallurgie: Technologien und Werkstoffe*, 2007. 2. Aufl., Verlag: Springer Vieweg Berlin, Heidelberg. ISBN: 978-3-540-68112-0, https://doi.org/10.1007/978-3-540-68112-0

[95] Schleifenbaum, J. H.: *Verfahren und Maschine zur individualisierten Produktion mit High Power Selective Laser Melting,* 2011. Dissertation, Universität RWTH Aachen, Aachen, Verlag: Shaker Verlag. ISBN: 978-3-8440-0689-6, https://www.shaker.de/de/site/content/shop/index.asp?lang=de&ID=8&ISBN=978-3-8440-0689-6

[96] Schulze, D.: *Pulver und Schüttgüter*, 2014. 3. Aufl., Verlag: Springer Vieweg Berlin, Heidelberg. ISBN: 978-3-662-58776-8, https://doi.org/10.1007/978-3-662-58776-8

[97] Scime, L.; Beuth, J.: *A multi-scale convolutional neural network for autonomous anomaly detection and classification in a laser powder bed fusion additive manufacturing process*, 2018. Additive Manufacturing, Volume 24, Seite: 273-286. https://doi.org/10.1016/j.addma.2018.09.034

[98] Scime, L.; Beuth, J.: *Anomaly detection and classification in a laser powder bed additive manufacturing process using a trained computer vision algorithm*, 2018. Additive Manufacturing, Volume 19, Seite: 114-126. https://doi.org/10.1016/j.addma.2017.11.009

[99] Seyda, V.: *Werkstoff- und Prozessverhalten von Metallpulvern in der laseradditiven Fertigung*, 2018. Dissertation, Technische Universität Hamburg, Hamburg, Verlag: Springer Vieweg Berlin, Heidelberg. https://link.springer.com/book/10.1007/978-3-662-58233-6

[100] Sigl, M.: *Ein Beitrag zur Entwicklung des Elektronenstrahlsinterns*, 2008. Verlag: Herbert Utz Verlag, München. https://www.utzverlag.de/assets/pdf/40841dbl.pdf

[101] Simchi, A.: *The Role of Particle Size on the Laser Sintering of Iron Powder*, Metallurgical and Materials Transactions, 2004. Volume 35, Seite: 937–948, Verlag: Springer Nature Link. https://link.springer.com/article/10.1007/s11663-004-0088-3

[102] Spears, T. G.; Gold, S. A.: *In-process sensing in selective laser melting (SLM) additive manufacturing*, 2016. Integrating Materials and Manufacturing Innovation, Jg. 5, Nr. 1, Seite: 16–40. doi: 10.1186/s40192-016-0045-4

[103] Spurek, M. A.; Sillani, F.; Haferkamp, L.; Tosoratti, E.; Spierings, A. B.; Magazzeni, C. M.; Meisnar, M.; Wegener, K.: *Effect of powder properties, process parameters, and recoating speed on powder layer properties measured by in-situ laser profilometry and part properties in laser powder bed fusion*, 2024. Additive Manufacturing, Volume 95, Verlag: Elsevier. https://doi.org/10.1016/j.addma.2024.104512, https://www.sciencedirect.com/science/article/pii/S221486042400558X

[104] Stiess, M.: *Mechanische Verfahrenstechnik- Partikeltechnologie 1*, 2009. 3. Aufl., Verlag: Springer Vieweg Berlin, Heidelberg. ISBN: 978-3-540-32552-9, https://doi.org/10.1007/978/3-540-32552-9

[105] Van der Schueren, B.; Kruth, J. P.: *Powder deposition in selective metal powder sintering,* 1995. Rapid Prototyping Journal, Jg. 1, Nr. 3, Seite: 23–31, Verlag: Emerald Insight. ISSN: 1355-2546, doi: 10.1108/13552549510094241, https://www.emerald.com/insight/content/doi/10.1108/13552549510094241/full/html

[106] Vogt, M.: *Potenzialerschließung durch Augmented Reality in der additiven Produktion*, 2024. Dissertation, Technische Universität Hamburg, Hamburg, Verlag: Springer Vieweg Berlin, Heidelberg. ISBN: 978-3-662-68818-2, https://doi.org/10.1007/978-3-662-68818-2

[107] Wischeropp, T. M.; Emmelmann, C.; Brandt; M.; Pateras, A.: *Measurement of actual powder layer height and packing density in a single layer in selective laser melting*, 2019. Additive Manufacturing 28, August 2019, Seite: 176–183. https://www.sciencedirect.com/science/article/pii/S2214860418306444, https://doi.org/10.1016/j.addma.2019.04.019

[108] Wohlers Associates: Wohlers Report 2021: *3D Printing and Additive Manufacturing - State of the Industry*, 2021. Washington, DC. https://wohlersassociates.com/reports/

[109] Wohlers Associates: Wohlers Report 2022: *3D Printing and Additive Manufacturing - State of the Industry*, 2022. Washington, DC. https://wohlersassociates.com/reports/

[110] Wohlers Associates: Wohlers Report 2023: *3D Printing and Additive Manufacturing - State of the Industry*, 2023. Washington, DC. https://wohlersassociates.com/reports/

[111] Wohlers Associates: Wohlers Report 2024: *3D Printing and Additive Manufacturing - State of the Industry*, 2024. Washington, DC. https://wohlersassociates.com/reports/

[112] Wycisk, E.: *Ermüdungseigenschaften der laseradditiv gefertigten Titanlegierung TiAl6V4*, 2017. Dissertation, Technische Universität Hamburg, Hamburg, Verlag: Springer Vieweg Berlin, Heidelberg. https://doi.org/10.1007/978-3-662-56060-0

[113] Ximea GmbH: *XIB CB654MG-GP-X8G3 Spezifikationen*, https://www.ximea.com/products/pci-express/xib-64-high-speed-fast-industrial-cameras/gpixel-gmax3265-pcie-mono-high-speed-camera (zuletzt abgerufen am 25.12.2024)

[114] Yadav, P.; Rigo, O.; Arvieu, C.; Le Guen, E.; Lacoste, E.: *In Situ Monitoring Systems of the SLM Process: On the Need to Develop Machine Learning Models for Data Processing*, 2020. Crystals, Jg. 10, Nr. 6. doi: 10.3390/cryst10060524, https://www.mdpi.com/2073-4352/10/6/524

[115] Yadroitsev, I.; Yadroitsava, I.; Du Plessis, A.; MacDonald, E.: *Fundamentals of Laser Powder Bed Fusion of Metals*, 2021. Verlag: Elsevier. https://www.sciencedirect.com/book/9780128240908/fundamentals-of-laser-powder-bed-fusion-of-metals

[116] Yuasa, K.; Tagami, M.; Yonehara, M.; Ikeshoji, T.-T.; Takeshita, K.; Aoki, H.; Kyogoku, H.: *Influences of powder characteristics and recoating conditions on surface morphology of powder bed in metal additive manufacturing*, 2021. The International Journal of Advanced Manufacturing Technology, Vol. 115, Seite: 3919–3932, Verlag: Springer Nature Link. https://doi.org/10.1007/s00170-021-07359-x, https://link.springer.com/article/10.1007/s00170-021-07359-x

[117] Zhang, B.; II, L.; Ziegert, J.; Davies, A.: *In situ monitoring of laser powder bed fusion additive manufacturing using digital fringe projection technique*, 2015. AMERICAN SOCIETY FOR PRECISION ENGINEERING, 2015 SPRING TOPICAL MEETING VOLUME 60, Seite: 47–52. https://www.researchgate.net/publication/283097423_In_situ_monitoring_of_laser_powder_bed_fusion_additive_manufacturing_using_digital_fringe_projection_technique

[118] Zhang, B.; Li, Y.; Bai, Q.: *Defect Formation Mechanisms in Selective Laser Melting: a review*, 2017. Chinese Mechanical Engineering Society, Verlag: Springer Open, 2017, doi: 10.1007/s10033-017-0121-5, https://cjme.springeropen.com/articles/10.1007/s10033-017-0121-5

[119] Zhang, H.; Vallabh, C. K. P.; Xiong, Y.; Zhao, X.: *A systematic study and framework of fringe projection profilometry with improved measurement performance for in-situ LPBF process monitoring*, 2022. Measurement, Vol. 191, Art. Nr. 110796, Verlag: Elsevier. doi: 10.1016/j.measurement.2022.110796, https://www.sciencedirect.com/science/article/pii/S0263224122000963

[120] Zur Jacobsmühlen, J.; Kleszczynski, S.; Schneider, D.; Witt, G.: *High resolution imaging for inspection of laser beam melting systems*, 2013. IEEE International Instrumentation and Measurement Technology Conference (I2MTC), Minneapolis, MN, Mai 2013, Seite: 707–712. doi: 10.1109/I2MTC.2013.6555507, https://ieeexplore.ieee.org/document/6555507

Kolibri 360 GmbH
Ferdinand-Jühlke-Straße 7
99095 Erfurt, Deutschland
produktsicherheit@kolibri360.de